"非线性动力学丛书"编委会

非线性动力学丛书 24

非线性多尺度耦合系统的簇发行为及其分岔

Bursting Behavior and Bifurcation in Nonlinear Systems with Multiple Scales Coupling

李向红 毕勤胜 著

科学出版社

北京

内 容 简 介

本书针对各工程领域中广泛存在的多时间尺度耦合系统的非线性动力学行为展开研究，主要内容包括揭示几类化工系统和机械系统中存在的簇发振荡行为及其分岔机理，探讨研究多尺度耦合系统的分析方法。本书紧紧围绕国内外研究热点展开，既有系统的理论分析，又有翔实的数值模拟，反映了该学科近十几年的研究成果。

本书适用于从事非线性动力学研究的读者，包括力学、数学、机械、化工、航空、车辆、交通、电力等相关专业的本科生、研究生、教师、科研人员和相关工程技术人员等。

图书在版编目(CIP)数据

非线性多尺度耦合系统的簇发行为及其分岔/李向红，毕勤胜著.—北京：科学出版社，2017.4

(非线性动力学丛书：24)

ISBN 978-7-03-052406-5

Ⅰ.①非… Ⅱ.①李… ②毕… Ⅲ.①耦合系统-非线性力学-动力学-研究 Ⅳ.①O313

中国版本图书馆 CIP 数据核字(2017) 第 054923 号

责任编辑：刘信力 / 责任校对：邹慧卿
责任印制：张　伟 / 封面设计：陈　敬

科 学 出 版 社 出版
北京东黄城根北街 16 号
邮政编码：100717
http://www.sciencep.com

北京九州迅驰传媒文化有限公司 印刷
科学出版社发行　各地新华书店经销
*
2017 年 4 月第 一 版　　开本：720×1000 B5
2019 年 11 月第三次印刷　　印张：11
字数：206 000

定价：69.00 元
(如有印装质量问题，我社负责调换)

"非线性动力学丛书"序

真实的动力系统几乎都含有各种各样的非线性因素,诸如机械系统中的间隙、干摩擦,结构系统中的材料弹塑性、构件大变形,控制系统中的元器件饱和特性、变结构控制策略等。实践中,人们经常试图用线性模型来替代实际的非线性系统,以方便地获得其动力学行为的某种逼近。然而,被忽略的非线性因素常常会在分析和计算中引起无法接受的误差,使得线性逼近成为一场徒劳。特别对于系统的长时间历程动力学问题,有时即使略去很微弱的非线性因素,也会在分析和计算中出现本质性的错误。

因此,人们很早就开始关注非线性系统的动力学问题。早期研究可追溯到 1673 年 Huygens 对单摆大幅摆动非等时性的观察。从 19 世纪末起,Poincaré, Lyapunov, Birkhoff, Andronov, Arnold 和 Smale 等数学家和力学家相继对非线性动力系统的理论进行了奠基性研究,Duffing, van der Pol, Lorenz, Ueda 等物理学家和工程师则在实验和数值模拟中获得了许多启示性发现。他们的杰出贡献相辅相成,形成了分岔、混沌、分形的理论框架,使非线性动力学在 20 世纪 70 年代成为一门重要的前沿学科,并促进了非线性科学的形成和发展。

近 20 年来,非线性动力学在理论和应用两个方面均取得了很大进展。这促使越来越多的学者基于非线性动力学观点来思考问题,采用非线性动力学理论和方法,对工程科学、生命科学、社会科学等领域中的非线性系统建立数学模型,预测其长期的动力学行为,揭示内在的规律性,提出改善系统品质的控制策略。一系列成功的实践使人们认识到:许多过去无法解决的难题源于系统的非线性,而解决难题的关键在于对问题所呈现的分岔、混沌、分形、孤立子等复杂非线性动力学现象具有正确的认识和理解。

近年来,非线性动力学理论和方法正从低维向高维乃至无穷维发展。伴随着计算机代数、数值模拟和图形技术的进步,非线性动力学所处理的问题规模和难度不断提高,已逐步接近一些实际系统。在工程科学界,以往研究人员对于非线性问题绕道而行的现象正在发生变化。人们不仅力求深入分析非线性对系统动力学的影响,使系统和产品的动态设计、加工、运行与控制满足日益提高的运行速度和精度需求,而且开始探索利用分岔、混沌等非线性现象造福人类。

在这样的背景下,有必要组织在工程科学、生命科学、社会科学等领域中从事非线性动力学研究的学者撰写一套"非线性动力学丛书",着重介绍近几年来非线性动力学理论和方法在上述领域的一些研究进展, 特别是我国学者的研究成果, 为从事非线性动力学理论及应用研究的人员, 包括硕士研究生和博士研究生等, 提供最新的理论、方法及应用范例。在科学出版社的大力支持下, 我们组织了这套"非线性动力学丛书"。

本套丛书在选题和内容上有别于郝柏林先生主编的"非线性科学丛书"(上海教育出版社出版), 它更加侧重于对工程科学、生命科学、社会科学等领域中的非线性动力学问题进行建模、理论分析、计算和实验。与国外的同类丛书相比, 它更具有整体的出版思想, 每分册阐述一个主题, 互不重复。丛书的选题主要来自我国学者在国家自然科学基金等资助下取得的研究成果, 有些研究成果已被国内外学者广泛引用或应用于工程和社会实践, 还有一些选题取自作者多年的教学成果。

希望作者、读者、丛书编委会和科学出版社共同努力, 使这套丛书取得成功。

胡海岩

2001 年 8 月

前　言

多时间尺度因素广泛存在于生物科学、化工、机械、交通等领域,它不仅可以来自真实时间上的快慢效应,同时也可能来自几何尺寸上的尺度效应等。通过无量纲变化后,在数学模型中形成状态变量在变化速率上的量级差异,因此研究此类系统的非线性行为具有重要的理论价值和工程意义。

多时间尺度耦合会导致系统的非线性行为更加复杂,产生诸如簇发振荡、混沌簇发等动力学现象,这些现象往往是相关领域希望避免的。比如,簇发振荡将会严重影响催化过程的工业化应用,多尺度耦合致使故障机械系统响应的频率和幅值出现复杂的调制情况等。这就迫切需要从非线性动力学角度深入研究不同尺度耦合系统的动力学特征,尤其是此类系统的复杂振荡及机理,因此不同尺度耦合系统的簇发振荡分析成为近些年的研究热点和难点。目前,有关多尺度耦合系统动力学方面的专著较少。基于上述原因,作者将近些年的文献进行了整理,参考国内外同行的相关工作,并结合作者近几年在国家自然科学基金委员会支持下所取得的成果汇总成这一专著。

感谢石家庄铁道大学和江苏大学的领导在本书撰稿过程中所给予的帮助和支持。他们为作者的学术研究提供了良好的环境。尤其感谢石家庄铁道大学杨绍普教授、申永军教授和陈聚峰博士,他们为本书的撰写给予了很大帮助。作者课题组的研究生侯静玉、唐建花、李莹娜等协助完成了其中部分工作,在此一并致谢。

感谢国家自然科学基金 (项目编号:11302136,11672191,11632008)、河北省自然科学基金 (项目编号:A2014210062)、河北省创新团队领军人才计划 (项目编号:LJRC006) 的资助。

另外,本书参考了很多国内外专家和同行学者的论文或者专著,无法一一列举,在此一并表示感谢。

由于作者水平有限,书中不足之处在所难免,欢迎广大读者批评指正。

作　者
2017 年 1 月 1 日

目　　录

　　参考文献 ··· 37
第 4 章　周期扰动下 BZ 反应的不同尺度效应 ······························· 39
　4.1　引言 ··· 39
　4.2　具有单慢变量的单-Hopf 簇发及其余维 1 分岔分析 ············· 40
　　4.2.1　分岔分析 ··· 40
　　4.2.2　单-Hopf 簇发及其分岔机制 ······································· 41
　　4.2.3　激励幅值对簇发振荡的影响 ······································ 43
　4.3　具有单慢变量的多尺度效应及其包络快慢分析 ··················· 44
　　4.3.1　未扰系统的动力学行为分析 ······································ 44
　　4.3.2　受迫簇发及其分岔机制 ·· 45
　4.4　具有两慢变量 BZ 反应的快慢效应及其 Cusp 分岔分析 ········· 47
　　4.4.1　分岔分析 ··· 48
　　4.4.2　Cusp 簇发与分岔机制 ·· 49
　4.5　具有两慢变量 BZ 反应的多尺度效应及其包络快慢分析 ········· 52
　4.6　具有两慢变量 BZ 反应的两尺度效应及其 BT 分岔分析 ········· 55
　4.7　本章结论 ··· 57
　　参考文献 ··· 58
第 5 章　周期切换光敏 BZ 反应的非线性分析 ····························· 60
　5.1　引言 ··· 60
　5.2　数学模型与分岔分析 ·· 60
　5.3　周期切换振荡及其分岔机制 ·· 62
　　5.3.1　2T-focus/cycle 与 2T-focus/focus 周期切换振荡 ··········· 63
　　5.3.2　振荡增加序列与振荡减少序列 ···································· 65
　　5.3.3　不变子空间 ·· 67
　5.4　混沌切换振荡及其机理分析 ·· 69
　　5.4.1　子系统的动力学行为分析 ·· 70
　　5.4.2　混沌切换振荡 ··· 72
　5.5　本章结论 ··· 74
　　参考文献 ··· 75
第 6 章　Brusselator 振子的快慢效应及其分岔机制 ···················· 77
　6.1　引言 ··· 77
　6.2　基于坐标变换的 Brusselator 快慢效应 ································ 77
　　6.2.1　经典的 Brusselator 模型及其快慢效应 ······················ 77
　　6.2.2　坐标变换后的 Brusselator 模型及其快慢现象 ·············· 79
　　6.2.3　坐标变换后 Brusselator 的快子系统稳定性及分岔分析 ····· 80

第1章 绪 论

近年来，随着科学技术的迅猛发展，新技术和新材料的大量应用，以及系统结构日益复杂，各领域实际动力系统中的非线性问题越来越突出[1]，国民经济、国防工业和工程技术中的大量重要实际问题迫切需要采用非线性动力学理论和方法加以处理，这推动着非线性动力学研究进入更为全面深入的发展时期。

当前，非线性动力学的理论研究[2-5]具有两方面的特征：其一，具有特殊结构，诸如多时间尺度耦合、非光滑、时滞等复杂系统中的非线性理论和方法。各个领域中的实际系统具有的各种各样的非线性因素，如碰撞、开关、时间差或时间滞后、分数阶微积分、状态变量的不同时间尺度等，导致非线性动力系统的多样性和复杂性。其二，高维及高余维动力系统的复杂现象及其机理。高维非线性系统的动力学行为是国际非线性动力学领域的前沿和重要课题，同时也是科研难题。国内外很多学者围绕高维系统的降维方法和全局动力学行为分析展开了研究。

同时，非线性动力学理论和方法在各种工程技术 (如航空航天、机械、交通、化工、电子、生命科学等) 领域中得到了广泛应用。相关研究成果不仅解释了实际工程中出现的许多复杂现象，而且为解决其中的许多问题提供了理论指导。尤其在化工领域中，非线性动力学理论和方法的应用引起了国内外学者的高度重视。我国许多学者对化学反应中的非线性动力学问题进行了研究，取得了一些有意义的成果。许多化学振荡反应体系由于反应过程的特殊性而呈现出复杂的振荡行为，比如，催化反应由于催化剂的存在往往涉及不同时间和空间尺度上的传递，使得反应过程呈现典型的簇发振荡行为。近年来，为揭示化学振荡体系所特有的复杂特征，各国学者通过建立合理的数学模型并进行相应的理论分析和数值模拟，对工程设计和制定适宜的操作方案具有重要的指导意义。但是振荡体系由于各种因素之间强烈的非线性耦合，反应体系存在的非线性现象更为复杂，诸如簇发振荡、混沌簇发等行为，这些特征将严重影响反应过程的工业化应用。因此，迫切需要从非线性动力学角度深入研究化学振荡反应体系中的动力学特征，尤其是不同时间尺度耦合导致的复杂振荡及其机理，揭示多尺度耦合的化学反应过程的一般性规律，为工业生产中振荡反应体系的优化分析与控制等提供一定的理论指导。

本书重点围绕不同系统中的多尺度效应展开研究。

1.1 生物神经系统中的多尺度效应

生物神经系统 [6,7] 是由数量巨大的神经细胞相互联结组成的，其中神经元具有重要的基本作用。神经系统整体由数目众多的神经元组成，各个神经元之间通过电突触和化学突触紧密联系，从而形成一个高维、多层次、多时间尺度和多功能的复杂信息网络结构，从而具有复杂的非线性动力学行为。神经元模型一般都是多尺度系统，其中包括与脉冲放电过程有关的快变量以及与静息态转迁有关的慢变量。在神经元模型中，慢变量变化对脉冲放电过程的快变量变化具有一定的调节作用，这样就会导致神经元的簇发放电现象。

研究多尺度耦合系统的方法最常见的为 Rinzel 提出的快慢动力学分析法 [8]。该方法的核心思想是将一个二维系统的变量分为快变量和慢变量，将慢变量当作快变量的一个控制或分岔参数，然后研究慢变量对快变量动力学行为变化的调节作用，进而分析慢变量变化时对快变量分岔行为模式的影响和分岔模式的变化机理，从而得到快慢过程相互转迁的机理。利用该方法，Terman [9] 详细探究了一类 β- 细胞模型的动力学行为，证明了不同快慢动力学现象的存在性，并给出了系统参数对不同快慢动力学现象的影响。在文献 [10] 中他又分析了不同快慢动力学现象的分岔和转迁机理。Wang [11] 用分岔理论研究了不同的快慢动力学现象，认为不同的分岔类型会导致不同的快慢动力学现象，尤其是激变导致的混沌态失稳及不稳定混沌鞍的同宿性。Chay 和 Fan [12] 对改进的 Chay 模型做了深入研究，总结了各种快慢动力学行为的产生机理，并且解释了不同放电行为的转迁原因。Belykh 等 [13] 定性分析了一类 β-细胞模型，将不同快慢动力学现象的产生机理归结为多种分岔行为共存，比如，同宿轨的平衡点发生了鞍结分岔、同宿轨的鞍焦点发生了 Hopf 分岔等。

此外，考虑了分段、随机、耦合、高余维等因素后更复杂的神经元模型也得到了学者的广泛关注。例如，Li 和 Gu [14] 数值研究了一类 Chay 模型的动力学行为，发现该系统中存在加周期分岔和倍周期分岔，并且分析了加周期分岔中在周期 k 和周期 $(k+1)$ 行为之间存在噪声导致的随机簇发，而倍周期分岔则是按照常规的分岔序列存在周期 1 到周期 2、周期 4、······ 的簇发序列。Yamashita 和 Torikai [15] 提出了一个分段的神经元模型，通过一维迭代映射发现可以重现多种与簇发相关的分岔现象。Zhang 等 [16] 利用分岔理论研究了两个耦合的 Hindmarsh-Rose 神经元模型，尤其是通过 Lyapunov 指数揭示了该模型从混沌簇发到常规簇发的转迁途径，并且分析了一些关键参数对系统动力学行为的影响。Wu 和 Cao 等 [17] 研究了 Rulkov 模型的不同簇发模式的产生机理，证明了锥形簇发 (tapered bursting) 的产生主要在于鞍结分岔和 Flip 分岔，发现随着参数的变化，锥形簇发的持续时间会逐渐增加。Fallah [18] 针对一个 Pernarowski 模型，研究了其中的对称型簇发模式，发现其中的慢变量将会导致在不同簇发模式之间的混沌跃迁，而且跃迁过程中存在着混合运动模式和簇发模式之间的组合。Barnett 和 Cymbalyuk [19] 分析了如何通过余维 2 分岔控制一个神经元的不同簇发模式，发现不同簇发模式转迁之间存在角石型分岔 (cornerstone bifurcation)，而这些分岔对应着不变环面上的鞍结分岔。段利霞 [20] (陆启韶指导) 研究了一类改进的 Morris-Lecar 神经元模型，发现由于系统中存在不同的分岔行为 (circle/fold cycle 分岔和 subHopf/homoclinic 分岔)，所以该系统产生了两种不同的快慢动力学现象。

1.2 化工系统中的多尺度效应

在化工领域中，许多化学振荡反应体系由于反应过程的特殊性而呈现出复杂的振荡行为，比如催化反应由于催化剂的存在往往涉及不同时间和空间尺度上的传递，所以反应过程呈现多尺度耦合的复杂行为。因此，对复杂化学振荡反应过程的研究是目前国内外各领域的热点之一。

对多尺度耦合的化学反应体系研究主要集中在建立数学模型、实验研究、数值模拟、动力学机理分析等方面。20 世纪 90 年代，化学反应过程中广泛存在的不规则复杂振荡 (即多时间尺度效应) 受到化学、物理专家的关注，如 Strizhak [21] 在实验中发现液相催化体系 Belousov-Zhabotinsky(BZ) 反应中存在混合模式振荡，并通过改变实验条件发现了不同的混合振荡模式，即一个大的振荡周期中包含三个或者四个小的振荡周期。Sònia 等 [22] 学者发现在生物代谢中 MWC- 变构酶反应、耦合自催化变构酶反应、D-G 酶反应存在明显的不同时间尺度效应；Luke 等 [23] 在具有铂电极的双氧水电解实验中发现了簇发振荡现象；Stefan 等 [24] 观察到同质液相催化反应亚氯酸盐在连续流动反应釜中的实验结果呈现典型的簇发行为；张嗣良和储炬 [25] 从生物学角度研究了微生物发酵过程中的多水平 (多尺度) 问题；钟东辉等在具有慢变量的复杂电化学反应——BZ 反应中，通过实验观察到了非连续跳跃振荡 [26]；在气相催化反应中，Lashina 等 [27] 假设铂族金属表面氧的浓度存在某临界值，在该临界值处催化反应能力突然加强，也就是反应活化能发生突变，在实验中发现了 CO 的氧化过程呈现簇发与混沌现象。Cadena 等 [28] 在 BZ 反应堆中，研究了加入苯酚后产生的簇发现象，实验数据显示随着苯酚初始浓度的增加，簇发现象更加明显。

近年来，具有不同时间尺度化工系统中混合模态振荡的产生机理引起了国内外学者的兴趣。对于耗散化工系统，多时间尺度容易导致非均质相空间沿着慢变流形方向收缩，Lebiedz [29] 利用黎曼几何理论计算系统的慢变流形，基于轨线优化方法，给出了不同的几何判别准则来研究慢变流形附近的轨线结构，并在四种化学反应系统中利用数值模拟进行了验证。Simon 研究了多尺度随机化工系统,提出了改进的约束方法[30],该方法需要计算慢变流形零空间的特征值,因为该方法不依赖准稳态的假设,且能够充分反映慢变量的动力学行为,更能全面精确分析快慢动力学行为。毕勤胜教授[31] 在四维 BZ 反应中发现了簇发混沌行为,并深入研究了其产生机理,发现了系统存在产生混沌的不同路径。柴俊、李勇等[32-34] 针对 CSTR 自催化反应系统的多时间尺度效应及同步等问题进行了探索。铂族金属表面 CO 氧化反应由于内层与外层反应速率存在量级上的差异,反应过程涉及不同时间尺度,李向红等[35-40] 基于实测数据,建立了不同尺度耦合的数学模型。他们还进一步发现在一定条件下稳态解会由鞍结同宿轨道分岔导致周期振荡,加周期分岔使得系统处于激发态的时间显著增加;对于几种不同周期外扰动的 BZ 化学振荡反应体系,他们证实了其中的单-Hopf 和 Cusp 周期簇发振荡等现象;基于相关文献中 BZ 反应在有光和无光下的数学模型,他们建立了切换反应理论模型,在一定参数范围内,研究了切换系统存在的复杂振荡诸如 2T-focus/cycle 型周期切换振荡、2T-focus/focus 型周期切换振荡、混沌切换振荡等,利用稳定性理论、分岔理论、不变子空间概念等给出了这些非线性行为的诱导机制,解释了系统存在振荡序列增加与振荡序列减少等现象。

1.3   电路系统中的多尺度效应

非线性电路包含着丰富的动力学现象,因此成为了非线性科学研究领域中非常重要的分支之一。电路系统可以用于分析混沌同步、混沌控制和模拟保密通信,并且电路模型在实验上比较容易构建,因此其动力学行为一直是国内外研究的热点课题之一。实际电路系统中存在多种非线性因素,比如,开关、脉冲控制等导致的非光滑因素,再加上由电路参数可调范围较大导致的多时间尺度耦合,这些因素将导致电路系统具有更加复杂的非线性行为。

20 世纪 60 年代以来,非线性电路系统在器件造型、电路分析与综合、故障诊断等方面得到了充分发展。Linsay[41] 在电路系统中验证了 Feigenbaum 的倍周期分岔通向混沌的理论。Ueda 等[42] 学者对正弦激励下非自治电路以及自治电路中的混沌现象进行了研究。随后,在其他非线性系统中产生的非线性现象也不断在电路系统中被证实。比如,倍周期分岔导致的混沌[43,44]、间歇导致的混沌[45,46]、突变引起的混沌[47,48],以及环面破裂导致的混沌[49-51]。在实际电路系统及其他工程系统中往往存在碰撞、冲击、干摩擦、可变刚度、开关、阈值、脉冲控制、数字控制等大量非光滑因素,这些因素主要是由约束条件、本构关系和控制方式决定的。因此电路系统非光滑特征方面出现了大量成果,比如,陈章耀[52] 研究了自治与非自治电路系统在周期切换连接下的动力学行为及机理,讨论了两子系统在不同参数下的稳态解以及在周期切换时的各种周期振荡行为, 给出了切换系统通过倍周期分岔、鞍结分岔以及环面分岔到达混沌的不同动力学演化过程。李绍龙、张正娣[53] 研究了广义 BVP 电路系统的振荡行为及具有多分界面的非光滑分岔, 利用微分包含理论讨论了分界面处产生 Hopf 分岔的临界条件。

近年来, 一类有广泛工程背景的含有多时间尺度的非线性电路系统引起了国内外学术界的高度重视, 尤其是电路系统中簇发振荡的类型及其分岔机理得到广泛研究。韩修静[54] 研究了修正的 van der Pol-Duffing 电路系统, 将该系统由 Hopf 分岔延迟导致的不同簇发形式进行了分类, 并指出 Hopf 分岔延迟对簇发行为的产生起着重要作用。张晓芳等[55,56] 研究了多时间尺度和外激励条件下广义蔡氏电路的动力学行为, 不同频率激励下系统的簇发行为, 发现环面破裂可导致具有对称结构的簇发混沌吸引子产生, 不同时间尺度上的分岔模式组合能够引起吸引子结构的变化, 进而影响着系统进入混沌的道路, 并详细讨论了不同簇发形式之间的转迁过程。由于非光滑是电路系统的典型特征之一, 所以多尺度耦合系统的非光滑分岔也得到了关注。季颖和毕勤胜[57] 在研究一类非光滑电路时, 发现了其中的簇发现象, 揭示了非光滑分岔在簇发演化过程中的重要作用, 讨论了非光滑系统的分岔与向量场分界面的密切相关性, 证实了快子系统的分岔取决于分界面两侧平衡点的性质。另外由于电路系统具有易于控制和调整参数的特点, 所以可以根据实际系统原理设计合理的电路系统, 重现理论研究得到的各种动力学现象。Babacan[58] 利用忆阻器建立了仿真电路模型, 该电路可以模拟神经元的簇放电和峰放电过程, 而且可以通过改变电压来控制系统的簇放电行为。Inaba[59] 从实验和数值模拟两方面研究推广的 van der Pol 型快慢电路系统中混合振动模式, 发现若引入噪声扰动, 混合振荡将演变为混沌, 且在扰动幅值较小的情况下系统存在倍周期分岔过程。Izumi[60] 基于实验和离散映射, 研究了受扰电路系统在不同时间尺度下系统分岔之间相互作用的行为。

1.4 机械及其他系统中的多尺度效应

随着现代工业技术的发展, 机械、交通、航空航天等工程中材料和结构的特性越来越复杂: 既有较软特性的材料与结构, 又存在刚度极大的部件。这样一来系统中便会出现极低和极高频率共存的情况, 或者说系统可以分为快子系统和慢子系统。当系统发生振动时, 系统响应就会变得较为复杂[61]。

对于机械、交通等领域中快慢耦合的系统, 国内外学者针对此类系统的研究方法、快慢流形的计算及其快慢之间的耦合特征等方面进行了大量研究。比如, Georgiou 和 Bajaj[62] 研究了一个大刚度线性结构和一个低刚度非线性结构耦合的系统, 通过摄动法并结合几何流形分析了系统的快慢耦合振动, 发现在某些参数条件下存在一条穿越多个平衡点的全局慢变流形。随后 Georgiou 和 Schwartz [63] 研究了一个平面非线性摆和线性黏弹性柔性杆耦合的非线性系统，应用奇异摄动法和正交分解分析了系统的不变流形，并且发现当柔性杆刚度变化时，系统不仅存在快慢动力学行为，而且可能存在混沌等复杂行为。Leimkuhler [64] 针对传统快慢系统分析法的缺陷，提出了一种融合反向分部积分、平均和平滑力分解的研究方法，从而能够得到更加精细的结果，尤其是对于超低频慢变响应，最后将其用于包含双子星、卫星、月亮等子系统的 N 体问题。蒋扇英和徐鉴等 [65] 研究了一个带柔性杆的电机–连杆机构，发现当轻量杆的转动惯量远小于电机的转动惯量时，该系统为一个典型的快慢耦合系统，通过拓展的几何奇异摄动法，解析地得到了系统的快慢流形，同时建立了系统稳定性的边界条件。王晓宇和金栋平 [66] 针对一个考虑子星姿态的绳系卫星系统非线性模型，发现子星的高频振动和系绳的低频振动存在明显耦合，通过快慢分离和多尺度方法，研究了该系统在平衡位置附近的稳态运动，证明在某些参数条件下该运动为拟周期振动。Mease [67] 研究了非线性飞行力学中的多尺度问题，提出了确定系统动力学行为和线性化结构切子空间的 Lyapunov 指数和向量，讨论了确定慢变流形的方法以及最短爬坡时间，并且和两种已有方法进行了对比。陈启军等 [68] 研究了一个宏–微机器人系统，通过引入集中小参数，将宏–微机器人动力模型转化为标准的奇异摄动形式，并且设计了宏–微机器人控制器 (宏机械手采用力矩控制，微机械手采用非线性反馈控制)，利用一个四自由度宏–微机器人的仿真结果证明了方法的有效性。

　　同时，在该领域中快慢耦合系统的解析解及系统机理分析等方面也取得了一些进展。比如：谢英超等 [69] 研究了一类带小时滞的非线性快慢系统的初始值问题，利用奇异摄动理论和校正函数法构造了该问题的形式渐近解，并利用微分不等式理论证明了渐近解的一致有效性，表明所述摄动方法是一个行之有效的近似解析方法。蒋扇英和徐鉴 [70] 研究了一个架空输电线具有初始垂度的非线性动力学模型，发现该模型具有快慢变量耦合的特性，应用求解周期运动的奇异摄动方法建立了系统的近似解析解，并且分析了快慢变量对系统周期运动的影响规律。郑远广等 [71] 研究了一个 van der Pol 型自激单摆系统，阐述了其中快慢振动的产生机制，给出了快慢振动周期解的近似表达式，并得到了快慢振动的分界点。李向红等 [72] 研究了一个分段机械结构中的快慢耦合效应，通过建立每一段子系统的解析解，分析了系统中诸多参数如阻尼比、激励幅值等对快慢动力学行为的影响，并且给出了不同类型快慢动力学行为的产生机理。

　　从以上叙述可见，多尺度效应是众多工程对象中广泛存在的一类非线性因素，其导致的动力学行为较为复杂，因此需要深入研究。本书重点围绕化工和机械系统中常见的几类多尺度耦合系统，深入分析其中复杂动力学现象的产生机理，从而为相关领域的参数优化和过程控制提供理论依据。

　　本书每章各有所侧重,具有一定的独立性,同时各章之间具有内在联系,体现了本书的统一性。第 2 章提出了快慢动力学分析法的几种不同改进形式,并被用于后续章节具有不同子结构的快慢系统中。第 3 章研究了典型的铂族金属氧化过程中的簇发振荡行为,通过研究整个系统的分岔行为,发现了系统由简单平衡态到簇发振荡的路径,并通过快子系统的分岔行为,揭示了簇发振荡的诱导机理。第 4 章研究了周期扰动下 BZ 反应的不同尺度效应,发现周期扰动频率和扰动项数的不同会改变快慢子系统的维数和结构,因此存在更为丰富的簇发行为。第 5 章考虑了周期光照因素存在的 BZ 反应,因此整个系统是有光与无光的切换系统,并利用稳定性理论和稳定流形定理揭示了周期切换振荡和周期混沌振荡的复杂机理。第 6 章研究了 Brusselator 振子,利用坐标变换,将原系统转换为可以分离快慢子系统的拓扑等价系统,进而可以利用快慢分析方法解释沉寂态与激发态之间的转换机理。第 7 章提出了一种基于参数变易思想的参激系统的高精度求解方法,为频率引起的多尺度效应系统提供了定量分析的方法,同时还研究了一个分段 Mathieu 方程中存在的复杂簇发振动模式。第 8 章研究了分数阶 BZ 反应和分数阶 Brusselator系统的簇发行为,重点讨论了分数阶阶次变化时对系统稳定性、分岔模式、簇发行为等动力学特性的影响,并将整数阶系统中的快慢动力学分析法初步应用到了分数阶系统。

参 考 文 献

[1] 国家自然科学基金 "十三五" 发展规划 (征求意见稿). 2016, 4

[2] 陆启韶, 张伟. 结构和系统的动力学与控制专刊. 力学进展, 2013, 43(1): 1-2

[3] 孟庆国, 詹世革, 胡海岩, 等. 关于加强针对国家重大装备的动力学与控制研究的建议. 力学进展, 2007, 37(1): 135-141

[4] 孟光, 周徐斌, 苗军. 航天重大工程中的力学问题. 力学进展, 2016, 46: 201606

[5] 杨国伟, 魏宇杰, 赵桂林, 等. 高速列车的关键力学问题. 力学进展, 2015, 45(1): 217-460

[6] 王青云, 张红慧. 生物神经元系统同步转迁动力学问题. 力学进展, 2013, 43(1): 149-162

[7] 陆启韶, 刘深泉, 刘锋, 等. 生物神经网络系统动力学与功能研究. 力学进展, 2008, 38(6): 766-793

[8] Rinzel J. Bursting oscillation in an excitable membrane model//Sleeman B D, Jarvis R J. Ordinary and Partial Differential Equations. Berlin Heidelberg: Springer, 1985

[9] Terman D. Chaotic spikes arising from a model for bursting in excitable membrane models. SIAM Journal on Applied Mathematics, 1991, 51: 1418-1450

[10] Terman D. The transition from bursting to continuous spiking in excitable membrane models. Journal of Nonlinear Science, 1992, 2(2): 135-182

[11] Wang X J. Genesis of bursting oscillations in the Hindmarsh-Rose model and homoclin-

icity to a chaotic saddle. Physica D: Nonlinear Phenomena, 1993, 62(1-4): 263-274

[12] Chay T R, Fan Y S. Bursting, spiking, chaos, fractals, and university in biological rhythms. International Journal of Bifurcation & Chaos, 1995, 5(3): 595-635

[13] Belykh V N, Belykh I V, Colding-Jφrgensen M, Mosekilde E. Homoclinic bifurcations leading to the emergence of bursting oscillations in cell models. The European Physical Journal E, 2000, 3(3): 205-219

[14] Li Y Y, Gu H G. The distinct stochastic and deterministic dynamics between period-adding and period-doubling bifurcations of neural bursting patterns. Nonlinear Dynamics, 2017, 87(4): 2541-2562

[15] Yamashita Y, Torikai H. A generalized PWC spiking neuron model and its neuron-like activities and burst-related bifurcations. LEICE Transactions on Fundamentals of Electronics Communications & Computer Sciences, 2012, E95. A(7): 1125-1135

[16] Zhang F, Zhang W, Meng P, et al. Bifurcation analysis of bursting solutions of two Hindmarsh-Rose neurons with joint electrical and synaptic coupling. Discrete and Continuous Dynamical Systems-Series B, 2011, 2(2): 637-651

[17] Wu Y G, Cao H J, Li J. The bursting types and bifurcation conditions of rulkov neurons. Science Technology & Engineering, 2011, 11(29): 7043-7047

[18] Fallah H. Symmetric Fold/Super-Hopf bursting, chaos and mixed-mode oscillations in pernarowski model of pancreatic beta-Cells. International Journal of Bifurcation & Chaos, 2016, 26(9): 1630022

[19] Barnett W H, Cymbalyuk G S. A codimension-2 bifurcation controlling endogenous bursting activity and pulse-triggered responses of a neuron model. Plos One, 2014, 9(1): e85451-e85451

[20] 段利霞. 神经元放电活动的余维-2 分岔研究. 北京航空航天大学博士学位论文, 2006

[21] Strizhak P E, Kawczynski A L. Regularities in complex transient oscillation in the Belousov-Zhabotinsky reaction in batch reactor. Journal of Physical Chemistry, 1995, 99(27): 10830-10833

[22] Sònia P, João P P, Gérald L M, et al. Mechanism of feedback allosteric inhibition of ATP phosphoribosyltransferase. Biochemistry, 2012, 51(40): 8027-8038

[23] Luke P, Judith E L, Christine W, et al. Neutrophil-delivered myeloperoxidase dampens the hydrogen peroxide burst after tissue wounding in zebrafish. Current Biology, 2012, 22(19): 1818-1824

[24] Stefan H, Marzia B, Axel S, et al. Redox thermodynamics of high-spin and low-spin forms of chlorite dismutases with diverse subunit and oligomeric structures. Biochemistry, 2012, 51(47): 9501-9512

[25] 张嗣良, 储炬. 多尺度微生物过程优化. 北京: 化学工业出版社, 2003

[26] Zhong D H, Fan Y Y, Luo J L. Electrochemical temporo-organization in Pt-electrode BZ reaction system constrained by temperature controlling of heat compensation type-from

limit cycle oscillation to intermittent torus-like electrochemical oscillation. Chemical Journal of Chinese Universities, 2006, 27(11): 2128-2131

[27] Lashina E A, Chumakova N A, Chumakov G A, et al. Chaotic dynamics in the three-variable kinetic model of CO oxidation on platinum group metals. Chemical Engineering Journal, 2009, 154(1): 82-87

[28] Cadena A, Barragán D, Ágreda J. Bursting in the Belousov-Zhabotinsky reaction added with phenol in a batch reactor. Journal of the Brazilian Chemical Society, 2013, 24(12): 2028-2032

[29] Lebiedz D, Reinhardt V, Siehr J. Minimal curvature trajectories: Riemannian geometry concepts for slow manifold computation in chemical kinetics. Journal of Computational Physics, 2010, 229(18): 6512-6533

[30] Cotter S L. Constrained approximation of effective generators for multiscale stochastic reaction networks and application to conditioned path sampling. Journal of Computational Physics, 2015, 323: 265-282

[31] Bi Q S. The mechanism of bursting phenomena in Belousov-Zhabotinsky (BZ) chemical reaction with multiple time scales. Science China: Technological Sciences, 2010, 53(2): 748-760

[32] 柴俊, 张正娣. 三变量 CSTR 化学反应的复杂动力学行为分析. 动力学与控制学报, 2007, 5: 34-38

[33] 李勇, 张晓芳, 毕勤胜. 连续搅拌反应器中自催化化学反应的同步与控制. 物理学报, 2008, 57(8): 4748-4755

[34] 李勇, 毕勤胜. 连续搅拌槽式反应器中自催化化学反应的延迟同步. 物理学报, 2008, 57(10): 6099-6102

[35] 李向红, 毕勤胜. 铂族金属氧化过程中的簇发振荡及其诱发机理. 物理学报, 2012, 61(2): 88-96

[36] Li X H, Bi Q S. Bursting oscillation in CO oxidation with small excitation and the enveloping slow-fast analysis method. Chinese Physics B, 2012, 21(6): 100-106

[37] Li X H, Bi Q S. Single-Hopf bursting in periodic perturbed Belousov-Zhabotinsky reaction with two time scales. Chinese Physics Letters, 2013, 30(1): 010503

[38] Li X H, Bi Q S. Forced bursting and transition mechanism in CO oxidation with three time scales. Chinese Physics B, 2013, 22(4): 161-166

[39] Li X H, Bi Q S. Cusp Bursting and slow-fast analysis with two slow parameters in photosensitive Belousov-Zhabotinsky reaction. Chinese Physics Letters, 2013, 30(7): 070503

[40] Li X H, Zhang C, Yu Y, Bi Q S. Periodic switching oscillation and mechanism in a periodically switched BZ reaction. Science China-Technological Sciences, 2012, 55(10): 2820-2828

[41] Linsay P S. Period doubling and chaotic behavior in a driven anharmonic oscillator. Physical Review Letters, 1981, 47(19): 1349-1352

[42] Ueda Y, Akamatsu N. Chaotically transitional phenomena in the forced negative resistance oscillator. IEEE Transaction on Circuits and Systems, 1981, 28(3): 217-223

[43] Buskirk R V, Jeffries C. Observation of chaotic dynamics of coupled nonlinear oscillators. Physical Review A, 1985, 31(5): 3332-3357

[44] Chua L O, Wu C W, Huang A, et al. A universal circuit for studying and generating chaos-part I: Routes to chaos. IEEE Transactions on Circuits & Systems I: Fundamental Theory & Applications, 1993, 40(10): 732-744

[45] Pérez J, Jeffries C. Direct observation of a tangent bifurcation in a nonlinear oscillator. Physics Letters A, 1982, 92(92): 82-84

[46] Huang J Y, Kim J J. Type-II intermittency in a coupled nonlinear oscillator: Experimental observation. Physical Review A. 1987, 36(3): 1495-1497

[47] Chakravarthy S K, Nayar C V. Quasiperiodic (QP) oscillations in electrical power systems. International Journal of Electrical Power & Energy Systems, 1996, 18(8): 483-492

[48] Matsumoto T, Chua L O, Tokunaga R. Chaos via torus breakdown. IEEE Transaction on Circuits & Systems, 1987, 34(3): 240-253

[49] 廖振鹏. 工程波动理论导论. 北京: 科学出版社, 1996

[50] 钱祖文. 非线性声学. 北京: 科学出版社, 1992

[51] Nayfeh A H, Mook D T. Nonlinear oscillations. New York: Wiley, 1979

[52] 陈章耀, 雪增红, 张春, 季颖, 毕勤胜. 周期切换下 Rayleigh 振子的振荡行为及机理. 物理学报, 2014, 63(1): 51-58

[53] 李绍龙, 张正娣, 吴天一, 等. 广义 BVP 电路系统的振荡行为及其非光滑分岔机理. 物理学报, 2012, 61(6): 060504-1-060504-9

[54] Han X J, Xia F B, Ji P, et al. Hopf-bifurcation-delay-induced bursting patterns in a modified circuit system. Communications in Nonlinear Science & Numerical Simulation, 2016, 36: 517-527

[55] 张晓芳, 陈章耀, 季颖, 毕勤胜. 周期激励下广义蔡氏电路混沌运动中的概周期行为. 力学学报, 2009, 41(6): 929-935

[56] 陈章耀, 张晓芳, 毕勤胜. 广义 Chua 电路簇发现象及其分岔机制. 物理学报, 2010, 59(4): 2326-2333

[57] Ji Y, Bi Q S. Bursting behavior in a non-smooth electric circuit. Physics Letters A, 2010, 374(13): 1413-1439

[58] Babacan Y, Kaçar F, Gürkan K. A spiking and bursting neuron circuit based on memristor. Neurocomputing, 2016, 203: 86-91

[59] Inaba N, Sekikawa M, Yoshinaga T, et al. Experimental study of mixed-mode oscillations in a slow-fast dynamical circuit. IEICE Technical Report Nonlinear Problems, 2010, 110: 35-38

[60] Izumi Y, Asahara H, Kousaka T. Experimental investigation of an interrupted electric circuit with fast-slow bifurcation. Nonlinear Dynamics of Electronic Systems, Proceedings of Ndes, 2012: 1-4

[61] 郑远广, 王在华. 含时滞的快–慢耦合系统的动力学研究进展. 力学进展, 2011, 41(4): 400-410

[62] Georgiou I T, Bajaj A K, Corless M. Slow and fast invariant manifolds, and normal modes in a two degree-of-freedom structural dynamical system with multiple equilibrium states. International Journal of Non-Linear Mechanics, 1998, 33(2): 275-300

[63] Georgiou I T, Schwartz I B. Dynamics of large scale coupled structural/mechanical systems: A singular perturbation/proper orthogonal decomposition approach. SIAM Journal on Applied Mathematics, 1999, 59(4): 1178-1207

[64] Leimkuhler B. An efficient multiple time-scale reversible integrator for the gravitational N-body problem. Applied Numerical Mathematics, 2002, 43(1): 175-190

[65] Jiang S Y, Xu J, Yan Y. Stability and oscillations in a slow-fast flexible joint system with transformation delay. Acta Mechanica Sinica, 2014, 30(5): 727-738

[66] 王晓宇, 金栋平. 计入姿态的绳系卫星概周期振动. 振动工程学报, 2010, 23(4): 261-265

[67] Mease K D. Multiple time-scales in nonlinear flight mechanics: Diagnosis and modeling. Applied Mathematics and Computation, 2005, 164(2): 627-648

[68] 陈启军, 王月娟, 陈辉堂. 基于奇异摄动的宏–微机器人控制方法. 同济大学学报 (自然科学版), 2001, 29(7): 805-810

[69] 谢英超, 程燕, 贺天宇. 一类带小时滞的非线性快慢系统的渐近解. 纯粹数学与应用数学, 2015, 2: 146-155

[70] 蒋扇英, 徐鉴. 奇异摄动系统在输电线非线性振动问题中的应用. 力学季刊, 2009, 30(1): 33-38

[71] 郑远广, 鲍丽娟. van der Pol 型自激单摆的张弛振荡特性. 动力学与控制学报, 2015, 1: 42-47

[72] Li X H, Hou J Y. Bursting phenomenon in a piecewise mechanical system with parameter perturbation in stiffness. International Journal of Non-Linear Mechanics, 2016, 81: 165-176

第 2 章　快慢动力学分析方法的改进形式

2.1　引　　言

Rinzel 提出的快慢动力学分析 [1](fast-slow dynamics analysis) 是研究两时间尺度簇发行为分岔机理的经典方法，它揭示了不同时间尺度耦合系统中簇发行为的诱导机理，指出了簇发行为的本质原因是系统在沉寂态与激发态之间的相互转迁。将快子系统和慢子系统分开讨论是快慢动力学分析方法的核心内容，快子系统可以处于不同模式的运动状态，其中与激发态相对应的是大幅振荡，与沉寂态相对应的是平衡态或小幅振荡。慢子系统可以调节快子系统以至于整个系统的行为，慢变量周期地、缓慢地经过快子系统不同区域的运动模式时，往往发生簇发行为。随后 Rinzel 又首先开始了对簇发行为的分类研究工作。在文献 [2] 中，他详细地比较了三种不同动力学机理的簇发形式，并按簇发行为所表现出来的几何形状对其进行分类，如方波型簇发、抛物线型簇发、椭圆型簇发等。但是这种分类方法存在一定的弊端，即几何外观形似的簇发很可能具有不同的分岔机理。Izhikevich [3] 利用几何分岔理论，考虑与簇发相关的两种重要的分岔，即一种是与沉寂态相关的分岔，它使系统由沉寂态进入激发态；另一种是和极限环相关的分岔，它使系统由激发态返回沉寂态。随后以这两种分岔的名称为簇发命名，对簇发行为进行了详细的分类研究。此后，各国学者从不同领域对多时间尺度系统进行了广泛深入的研究，取得了许多有意义的成果 [4-10]。但是，目前大多数工作局限于具有单个慢变量的快慢两尺度系统，而实际工程对象的快慢子系统一般具有不同的维数；同时，外部扰动因素和内部参数的变化，也将会改变原系统的子结构，因此传统的快慢分析方法具有一定的局限性。本章根据系统的具体特征，对传统快慢动力学分析方法做了一定的改进 [11-13]，使之符合不同系统的特点，以揭示簇发现象的诱导机制。

2.2　快慢动力学分析方法的几种改进形式

下面以具体系统为例，给出几类快慢动力学分析方法的改进形式，以适应具有不同慢变量个数以及不同尺度个数的动力系统。在后面的章节中，我们将利用这些方法详细分析不同系统簇发振荡的分岔机制。

2.2.1 单慢变量包络快慢分析

当原系统存在快慢两个尺度且只有一个慢变量时，引入周期外激励，且激励趋于快变过程，此时系统是具有单慢变量的非自治系统。本节提出单慢变量包络快慢分析法，其核心思想是：令慢变量为快子系统的分岔参数，将周期激励分别取极大值与极小值时两个快子系统的单参数分岔图与整个系统的簇发振荡相图相结合，来揭示簇发过程中激发态和沉寂态的产生及相互转迁机理。

例如，针对三维系统

$$\begin{cases} x' = K_1(1-x-y) - K_{-1}x - K_3xy + p \\ y' = 2K_2(1-x-y)^2 - K_3xy \\ z' = \varepsilon(\alpha y(1-z) - xz) \end{cases} \tag{2.1}$$

其中 $\varepsilon \ll 1$ 为无穷小量，系统可分为快子系统 x、y 与慢子系统 z。令 $p = a\cos\omega t$ 并且激励频率趋于快频率，适当调节激励频率可以形成第三个时间尺度。当参数 $K_1 = 0.0396$, $a = 0.0014$, $\omega = 0.095$ 时，系统存在簇发振荡 (其他参数可参见第 3 章)，如图 2.1 所示。

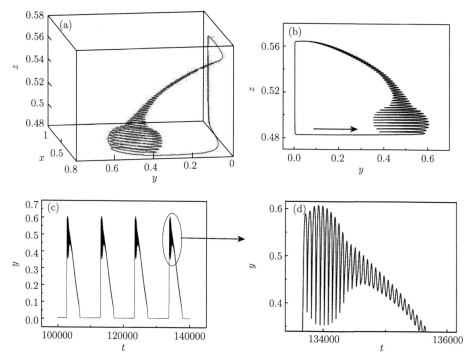

图 2.1　$K_1 = 0.0396$, $a = 0.0014$, $\omega = 0.095$ 时系统的簇发振荡

(a) 三维空间相图；(b) y-z 平面相图；(c) 时间历程；(d) 时间历程的局部放大图

利用单慢变量快慢动力学分析, 给出快子系统

$$\begin{cases} x' = K_1(1 - x - y) - K_{-1}x - K_3xy + p \\ y' = 2K_2(1 - x - y)^2 - K_3xy \end{cases} \tag{2.2}$$

在 $p = \pm a = \pm 0.0014$ 时的分岔图, 如图 2.2(a) 所示, 其中 Eq1 与 Eq2 分别表示 $p = a$ 与 $p = -a$ 时快子系统 (2.2) 的分岔图。将分岔图与整个系统的相图叠加可以解释簇发振荡过程中激发态与沉寂态的产生及其相互转迁的机理, 如图 2.2(b) 所示。对于参数与激励的变化而产生的不同簇发振荡形式, 依然可以利用该方法进行分析, 如图 2.3 与图 2.4 所示。具体分析过程以及在其他系统中的应用, 可以参见后续章节。

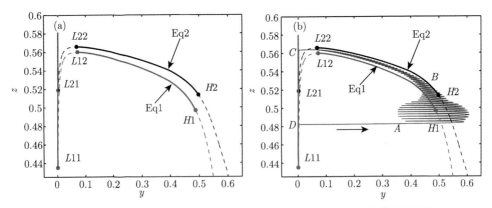

图 2.2 $K_1 = 0.0396$, $a = 0.0014$, $\omega = 0.095$ 时单慢变量包络快慢分析

(a) 快子系统的分岔图; (b) 分岔图与相图的叠加

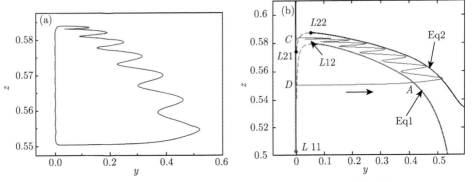

图 2.3 $K_1 = 0.0278$, $a = 0.002$, $\omega = 0.02$ 时单慢变量包络快慢分析

(a) y-z 平面上的投影系相图; (b) 分岔图与相图的叠加

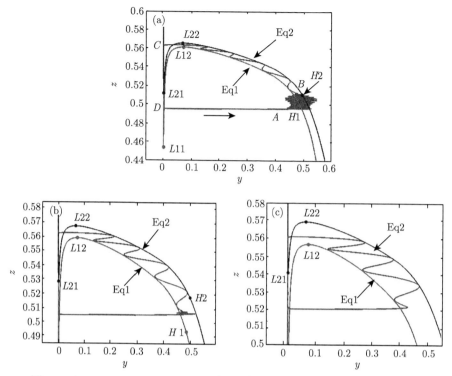

图 2.4　$K_1 = 0.0396$，$\omega = 0.0095$ 时不同激励幅值下单慢变量包络快慢分析

(a) $p = \pm 0.001$; (b) $p = \pm 0.002$; (c) $p = \pm 0.003$

2.2.2　两慢变量快慢动力学分析

如果系统存在两个慢变量，快子系统的单参数分岔图已经难以分析簇发振荡的诱导机理。此时需要将快子系统关于两个慢变量的三维双参分岔图，与整个系统的三维空间相图相结合，来分析簇发振荡中激发态和沉寂态的产生与相互转迁的机理，同时利用该方法可以讨论余维 2 分岔点对簇发行为的影响。

考虑周期光扰动下 BZ 反应模型

$$\begin{cases} x' = s(y - xy + x - qx^2) + a\cos\omega t \\ y' = (-y - xy + fz)/s \\ z' = k(x - z) \end{cases} \tag{2.3}$$

令 $\theta = \omega t$，式 (2.3) 变为

$$\begin{cases} x' = s(y - xy + x - qx^2) + a\cos\theta \\ y' = (-y - xy + fz)/s \\ z' = k(x - z) \\ \theta' = \omega \end{cases} \tag{2.4}$$

假设 $\omega \ll 1$ 与 $k \ll 1$ 是同阶无穷小量，反应过程为含有两个慢变量的两个时间尺度耦合的系统，整个系统可以分为快子系统 x、y 与慢子系统 z、θ。快子系统表示为

$$\begin{cases} x' = s(y - xy + x - qx^2) + w \\ y' = (-y - xy + fz)/s \end{cases} \tag{2.5}$$

其中 $w = a\cos\theta$ 与 z 是慢变参数。基于两慢变量快慢动力学分析，将快变量 x 关于慢变参数 w 与 z 的平衡面及其空间双参分岔图，如图 2.5(a) 所示，与系统的三维空间相图相叠加，如图 2.5(b) 所示，可以解释簇发现象的诱导机理。详细的簇发机理分析见后续章节。

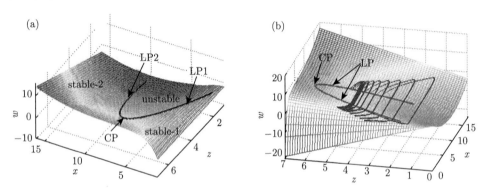

图 2.5　两慢变量快慢分析

(a) 快子系统的分岔图；(b) 分岔图与相图的叠加

2.2.3　两慢变量包络快慢分析

当系统存在两个同阶慢变量，且周期外激励趋于快频率时，需要将周期激励分别取极大值与极小值时，两个快子系统关于两个慢变参数的三维双参分岔图与整个系统的空间相图相结合，以分析簇发振荡中激发态和沉寂态的产生与相互转迁机理。

考虑具有两种周期扰动的 BZ 反应

$$\begin{cases} x' = s(y - xy + x - qx^2) + a\cos\omega t \\ y' = (-y - xy + fz)/s + b\cos\omega_1 t \\ z' = k(x - z) \end{cases} \tag{2.6}$$

如果 $k \ll 1$，取两个激励频率分别为快、慢两个频率，慢频率与 k 时间尺度一样，此时整个系统存在两个慢变过程：$w = a\cos\omega t$ 与变量 z。令 $w_1 = a\cos\omega_1 t$ 为快变

过程，如果适当选择其频率，系统可以存在三个不同时间尺度。显然，快子系统为

$$
\begin{cases}
x' = s(y - xy + x - qx^2) + w \\
y' = (-y - xy + fz)/s + w_1
\end{cases}
\tag{2.7}
$$

利用两慢变量包络快慢分析，给出当 $w_1 = \pm b$ 时快变量 x 关于慢参数 w 与 z 的空间平衡面与三维双参分岔图，如图 2.6(a) 所示，并与相应的空间相图或者转换相图相叠加，如图 2.6(b) 所示，可以详细解释该系统簇发振荡的分岔机制。该模型详细的簇发机理分析见后续章节。

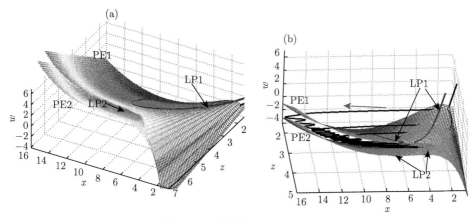

图 2.6　两变量包络快慢分析

(a) 快子系统的分岔图；(b) 分岔图与相图的叠加

2.3　本　章　结　论

目前常用的快慢动力学分析，主要用于余维 1 簇发振荡模式，当快慢子系统的维数以及时间尺度个数增加时，需要对传统的快慢动力学分析方法进行改进。本章给出了三种快慢动力学分析方法的改进形式：单慢变量包络快慢分析、两慢变量快慢分析和两慢变量包络快慢分析。其中单慢变量包络快慢分析可用于具有一个慢过程的周期激励系统，同时周期激励趋于快过程；两慢变量快慢动力学分析是在三维空间中，利用快子系统关于两个慢参数的空间分岔图，来揭示簇发机制；两慢变量包络快慢分析可用于周期激励趋于快过程且具有两种慢过程的系统，在三维空间中，利用周期激励取极值时两个快子系统的双参分岔图来揭示整个系统的簇发机制。此外，如果适当调节周期激励频率可使系统存在三个甚至三个以上的时间尺度，由此导致的轨线振荡可由相应的包络快慢动力学分析给出其机理解释。

参 考 文 献

[1] Rinzel J. Bursting oscillation in an excitable membrane model//Sleeman B D, Jarvis R J. Ordinary and Partial Differential Equations. Berlin: Springer-Verlag, 1985: 304-316

[2] Rinzel J. A formal classification of Bursting mechanisms in excitable systems//Teramoto E, Yamaguti M. Mathematical Topics in Population Biology, Morphogenesis and Neurosciences. Berlin: Springer-Verlag, 1987, 71: 267-281

[3] Izhikevich E M. Neural excitability, spiking and bursting. International Journal of Bifurcation and Chaos, 2000, 10(6): 1171-1266

[4] Channell P, Cymbalyuk G, Shilnikov A. Origin of bursting through homoclinic spike adding in a neuron model. Physical Review Letters, 2007, 98(13): 134101

[5] Kitajima H, Kawakam H. Bifurcation in coupled BVP neurons with external impulsive forces. IEEE International Symposium on Circuits & Systems, 2001, 3: 285-288

[6] Yang Z Q, Lu Q S. The bifurcation structure of firing pattern transitions in the Chay neuronal pacemaker model. Journal of Biological Systems, 2008, 16(1): 33-49

[7] Duan L X, Lu Q S, Cheng D Z. Bursting of Morris-Lecar neuronal model with current-feedback control. Science in China Series E: Technological Sciences, 2009, 52(3): 771-781

[8] 韩修静, 江波, 毕勤胜. 快慢型超混沌 Lorenz 系统分析. 物理学报, 2009, 58(9): 6006-6015

[9] 古华光, 任维, 等. 实验性神经起步点自发放电的分叉和整数倍节律. 生物物理学报, 2001, 17(4): 637-644

[10] Li X H, Bi Q S. Cusp bursting and slow-fast analysis with two slow parameters in photosensitive Belousov-Zhabotinsky reaction. Chinese Physics Letters, 2013, 30(7): 070503-28

[11] Li X H, Bi Q S. Single-Hopf bursting in periodic perturbed Belousov-Zhabotinsky reaction with two time scales. Chinese Physics Letters, 2013, 30(1): 10503-10506(4)

[12] Li X H, Bi Q S. Forced bursting and transition mechanism in CO oxidation with three time scales. Chinese Physics B, 2013, 22(4): 161-166

[13] Li X H, Bi Q S. Bursting oscillation in CO oxidation with small excitation and the enveloping slow-fast analysis method. Chinese Physics B, 2012, 21(6): 100-106

第3章　铂族金属氧化过程中的多时间尺度效应

3.1　引　言

多相催化反应存在着诸如多种稳态解、张弛振荡等复杂动态行为[1]，探讨多相催化系统的动力学特征不仅有助于确定较为可信的反应机制，而且对于深入理解反应过程中的物理及化学细节具有重要的理论意义。作为典型的多相催化反应之一的铂族金属氧化过程，由于其广泛的应用背景及丰富的振荡行为，一直受到国内外学者的广泛关注。例如，在污染控制、燃料电池制造、汽车尾气处理及常规的氢气生产过程中，都需要借助 Pt、Pd、Rh 等金属对 CO 进行催化转炉[2-4]，因此深入研究铂族金属的氧化过程具有重要的理论意义及工程应用前景。

早在 20 世纪 70 年代，基于 Langmuir-Hinshelwood 机制，Chumakov 建立了含有三个基本反应过程的 CO 催化反应能量模型[5]。随后 Turner 等[6] 首次提出了催化表面的氧化减少机制，该机制合理解释了铂丝表面发生的振荡现象；根据氧化减少机制，Turner 等[7] 建立了 CO 氧化反应的三变量确定性微分方程组。在这些模型的基础上，人们发现随着参数的变化，系统存在着不同的振荡现象，比如，当催化表面诱导吸附发生变化[8] 及金属内层存在氧渗入时[9]，都会发生振荡行为。近年来，Latkin 等[10] 针对 $CO+O_2/Pt(100)$ 反应，建立了 Monte Carlo 模型，并发现铂族金属表面存在自激振荡。Santra[11] 研究了当温度和压力变化时，单晶体与金属催化剂表面 CO 的吸附与氧化能量的变化情况。为了揭示反应介质对金属表面性质的影响，Lashina 等[12] 假设在铂族金属表面氧的浓度存在某临界值，在该临界值处催化反应能力突然加强，也就是反应活化能发生突变，并发现了系统的簇发与混沌现象。李向红等[13,14] 针对铂族金属 CO 氧化过程的自治和非自治系统，深入研究了其中的多尺度效应，取得了一些有意义的成果。

铂族金属氧化反应涉及两类反应过程，即铂族金属表层的 CO 氧化反应及金属内层的催化反应。与表层反应不同，内层反应涉及催化反应的中间物，其反应速率远小于表面反应，两类反应的耦合构成了快慢两时间尺度系统。本章研究的铂族金属 CO 氧化过程即存在两类反应，一类是铂族金属表面的 CO 的氧化反应

$$CO + Z \underset{K_{-1}}{\overset{K_1}{\rightleftharpoons}} ZCO, \quad O_2 + 2Z \xrightarrow{K_2} 2ZO, \quad ZCO + ZO \xrightarrow{K_3} CO_2 + 2Z \tag{3.1}$$

另一类是内层的催化行为，表示为

$$ZO + Z_V \xrightarrow{K_4} Z_V O + Z, \quad ZCO + Z_V O \xrightarrow{K_5} CO_2 + Z_V + Z \tag{3.2}$$

整个氧化过程可以用如下无量纲模型描述[12]：

$$\begin{cases} x' = K_1(1-x-y) - K_{-1}x - K_3xy \\ y' = 2K_2(1-x-y)^2 - K_3xy \\ z' = K_4y(1-z) - K_5xz \end{cases} \tag{3.3}$$

其中 x 和 y 分别表示吸附于表层的 CO 和 O 的无量纲浓度，z 表示内层 O 的含量。因为 x、y 和 z 是浓度，故有 $x \geqslant 0$，$y \geqslant 0$，$z \geqslant 0$，$x+y \leqslant 1$ 和 $z \leqslant 1$。$K_i (i = 1, -1, 2, 3, 4, 5)$ 为反应速率常数，这些常数依赖于反应温度及气相中相应的分压，通常可以表示为

$$K_1 = 3.6 \times 10^5 P_{CO}, \quad K_{-1} = 10^{13} \times \exp(-E_1/RT)$$

$$K_2 = K_{20}P_{O_2}, \quad K_3 = 10^{13} \times \exp(-E_3/RT)$$

其中 R 为气体常数，T 为温度，P_{O_2} 和 P_{CO} 分别表示气相中氧和一氧化碳的分压。E_1 和 E_3 为反应中的活化能，活化能 E_3 随 y 变化，E_3 可以表示为光滑函数

$$E_3 = \begin{cases} E_{31}, & y \leqslant y_c - \delta \\ \tilde{E}_{32}, & |y - y_c| < \delta \\ E_{33}, & y \geqslant y_c + \delta \end{cases} \tag{3.4}$$

$y_c = 0.5$，$\delta = 0.1$，$E_{31} = 28\text{kcal·mol}^{-1}(1\text{cal}=4.1868\text{J})$，$E_{33} = 33\text{kcal·mol}^{-1}$ 和 $\tilde{E}_{32}$ 为实验数据[15]，且 $\tilde{E}_{32}(y_c - \delta) = E_{31}$，$\tilde{E}_{32}(y_c + \delta) = E_{33}$，$\tilde{E}_{32}(y_c) = (E_{31} + E_{33})/2$，$y_c$ 与 δ 分别表示能量突然增加的中间值与宽度。

此外，由于内层氧的渗入，也存在内层氧浓度的临界值，系数 K_{20} 也存在着突然减小的激变行为，可表示为光滑函数

$$K_{20} = \begin{cases} K_{21}, & z \leqslant z_c - \delta_1 \\ \tilde{K}_{22}, & |z - z_c| < \delta_1 \\ K_{23}, & z \geqslant z_c + \delta_1 \end{cases} \tag{3.5}$$

$z_c = 0.5$，$\delta_1 = 0.1$，$K_{21} = 0.9 \times 10^5 \text{s}^{-1}\text{Torr}^{-1}(1\text{Torr}=1.33322\times 10^2\text{Pa})$，$K_{23} = 0.11 \times 10^5 \text{s}^{-1}\text{·Torr}^{-1}$ 和 $\tilde{K}_{22}$ 也为实验数据[12]，且 $\tilde{K}_{22}(z_c - \delta_1) = K_{21}$，$\tilde{K}_{22}(z_c + \delta_1) = K_{23}$ 和 $\tilde{K}_{22}(z_c) = (K_{21} + K_{23})/2$。$z_c$ 与 δ_1 分别表示 K_{20} 突然减小的中间值与宽度。

本章将在 3.2 节通过对铂族金属 CO 的氧化过程中实测数据的回归分析，建立不同尺度耦合的解析动力学模型，分析该模型的分岔现象并详细解释其中周期簇发及加周期分岔的产生机理。3.3 节通过引入周期外激励，给出系具有多个时间尺度的受迫周期簇发现象，利用分岔理论进行机理分析，研究不同簇发振荡模式之间相互转迁的原因。

3.2 两时间尺度自治系统的快慢效应

3.2.1 动力学模型及其简化

为了便于理论分析, 我们利用线性回归的方法研究系统 (3.3) 中的参数, 结果发现活化能 E_3 的变化可以近似用下述分段线性函数来描述:

$$E_3 = \begin{cases} E_{31}, & y \leqslant y_{\mathrm{c}} - \delta \\ E_{32}, & |y - y_{\mathrm{c}}| < \delta \\ E_{33}, & y \geqslant y_{\mathrm{c}} + \delta \end{cases} \tag{3.6}$$

其中 $E_{32} = 25y + 18(\mathrm{kcal \cdot mol^{-1}})$, 如图 3.1(a) 所示。

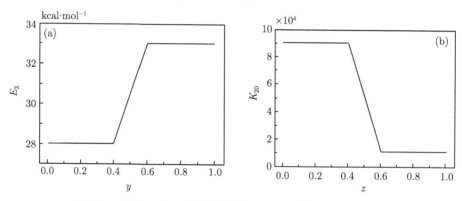

图 3.1 (a) E_3 与 y 的函数关系; (b) K_{20} 与 z 的函数关系

同样, 将 K_{20} 突然减小的过程也用线性函数来逼近, 则其解析式如下:

$$K_{20} = \begin{cases} K_{21}, & z \leqslant z_{\mathrm{c}} - \delta_1 \\ K_{22}, & |z - z_{\mathrm{c}}| < \delta_1 \\ K_{23}, & z \geqslant z_{\mathrm{c}} + \delta_1 \end{cases} \tag{3.7}$$

其中 $K_{22} = (-39.5 \times z + 24.8) \times 10^4 \mathrm{s^{-1} \cdot Torr^{-1}}$, 如图 3.1(b) 所示。

值得注意的是, 与表层反应不同的内层反应涉及催化反应的中间物, 其反应速率 K_4 和 K_5 远小于 $K_i(i = -1, 1, 2, 3)$。因此令 $\varepsilon = K_5 \ll 1$ 和 $\alpha = K_4/K_5$, 则动力学模型可表示为

$$\begin{cases} x' = K_1(1 - x - y) - K_{-1}x - K_3xy \\ y' = 2K_2(1 - x - y)^2 - K_3xy \\ z' = \varepsilon(\alpha y(1 - z) - xz) \end{cases} \tag{3.8}$$

从铂族金属氧化过程的数学模型 (3.8) 可以清楚地发现，内外层反应中存在明显的快慢两尺度行为的耦合。这种两时间尺度耦合反应系统的周期行为通常会呈现出大幅振荡和小幅振荡的组合特征，通常用 N^k 表示，其中 N 和 k 分别表示对应于每一周期内大幅振荡和小幅振荡的次数[16]。从两尺度系统的动力学性质方面来看，其中的大幅振荡和小幅振荡分别称为激发态 (spiking) 和沉寂态 (quiescent state)，N^k 振荡被称为周期簇发 (periodic bursting)。在每一簇发行为中存在两类重要的分岔行为，一类是从沉寂态到激发态的分岔，而另一类则是由激发态到沉寂态的分岔，两类分岔交替出现形成系统在沉寂态和激发态之间来回变换的簇发[17]。

为深入分析铂族金属氧化过程的动力学特征，3.2.2 节应用分岔理论来探讨耦合系统 (3.8) 的复杂动力学行为及其产生机理，其中选取参数 $T = 500\mathrm{K}$，$\varepsilon = 0.00003$，$\alpha = 4.645$，$P_{O_2} = 9 \times 10^{-7}\mathrm{Torr}$，$E_1 = 35\mathrm{kcal \cdot mol^{-1}}$[12]。

3.2.2   分岔分析

铂族金属氧化过程分别由快子系统 (FS) x、y 及慢子系统 (SS) z 耦合而成。整个系统的平衡态可以通过令式 (3.8) 左端同时等于零得到，而其稳定性可以通过相应的 Jacobian 矩阵的特征值来决定。由于系统中的 E_3 与 K_{20} 分别涉及分段线性函数，所以整个系统可能分为九个非线性方程组，故我们将对系统的分岔行为进行理论分析。

1. Fold 分岔分析

当 $0 < y < 0.4$ 和 $0 < x < 1$ 时，系统可分为如下三种情况。

(1) 当 $0 < z < 0.4$ 时，系统为

$$\begin{cases} x' = f_1(x,y,z) = K_1(1-x-y) - 0.00504x - 5.78xy \\ y' = f_2(x,y,z) = 0.162(1-x-y)^2 - 5.78xy \\ z' = f_3(x,y,z) = 0.00003(4.645y(1-z) - xz) \end{cases} \tag{3.9}$$

(2) 当 $0.4 < z < 0.6$ 时，系统为

$$\begin{cases} x' = f_1(x,y,z) = K_1(1-x-y) - 0.00504x - 5.78xy \\ y' = f_2(x,y,z) = (-0.711z + 0.4464)(1-x-y)^2 - 5.78xy \\ z' = f_3(x,y,z) = 0.00003(4.645y(1-z) - xz) \end{cases} \tag{3.10}$$

(3) 当 $0.6 < z < 1$ 时，系统为

$$\begin{cases} x' = f_1(x,y,z) = K_1(1-x-y) - 0.00504x - 5.78xy \\ y' = f_2(x,y,z) = 0.0198(1-x-y)^2 - 5.78xy \\ z' = f_3(x,y,z) = 0.00003(4.645y(1-z) - xz) \end{cases} \tag{3.11}$$

由系统 (3.9) 与 (3.11) 可看出此时快子系统中不含变量 z, 这说明若 (x_0, y_0, K_{10}) 是其快子系统的静态分岔点, 则 (x_0, y_0, z_0, K_{10}) 必是整个系统的静态分岔点, 故对快子系统进行静态分岔分析是非常必要的。下面我们将对以上三种情况快子系统的静态分岔情况进行理论分析。

对于系统 (3.9) 中快子系统的平衡点, 可令 $x' = f_1(x, y, z) = 0$ 和 $y' = f_2(x, y, z) = 0$ 整理后得到一元三次方程

$$y^3 + (6.172839503K_1 - 0.9982560553)y^2$$
$$+ (1.067965312K_1^2 + 0.005382545172K_1 - 0.001743184301)y - 0.76 \times 10^{-6} = 0$$

当该方程存在二重根时, 系统存在 Fold 分岔点。由一元三次方程求根公式, 当判别式 $\Delta = B^2 - 4AC = 0$ 时, 方程存在二重根, 其中 $A = b^2 - 3ac$, $B = bc - 9ad$, $C = c^2 - 3bd$, a、b、c、d 依次为变量 y 由高次到低次幂项的系数, 代入整理后得到

$$\Delta = B^2 - 4AC$$
$$= -115.7615487K_1^6 + 41.07571272K_1^5 - 2.632816161K_1^4 - 0.1714081939K_1^3$$
$$+ 0.01111658419K_1^2 + 0.7463786K_1 \times 10^{-7} - 0.4039 \times 10^{-8}$$

当 $\Delta = 0$ 时, 得到满足 $0 < y < 0.4$ 和 $0 < z < 0.4$ 的参数 $K_1 = 0.05207535778$, 故系统 (3.9) 的快子系统存在 Fold 分岔, 其分岔参数为 $K_1 = 0.05207535778$。

对于系统 (3.11) 的快子系统, 令 $x' = f_1(x, y, z) = 0$ 和 $y' = f_2(x, y, z) = 0$, 整理后得到一元三次方程为

$$y^3 + (50.505K_1 - 0.9982560553)y^2$$
$$+ (8.737898K_1^2 + 0.044039K_1 - 0.001743184301)y - 0.76 \times 10^{-6} = 0$$

当 $\Delta = B^2 - 4AC = 0$ 时, 得到满足条件 $0 < y < 0.4$ 和 $0.6 < z < 0.1$ 的 Fold 分岔参数为 $K_1 = 0.01804828787$。

对于系统 (3.10) 的快子系统, 慢变量 z 视为分岔参数, 按照相同的方法, 可以得出其快子系统产生 Fold 分岔的充要条件是

$$77414.16576pK_1^6 - 111863.4696K_1^6 + 224507.2738pK_1^5 - 113813.6262p^2K_1^4$$
$$- 1127.583773K_1^5 + 4511.31875pK_1^4 - 5638.898783p^2K_1^3 + 2261.072086p^3K_1^2$$
$$- 2.84151K_1^4 + 5.678pK_1^3 - 2.84647p^2K_1^2 + 0.156 \cdot 10^{-5}p^3K_1 = 0$$

其中 K_1 和 p 为分岔参数, 且 $p = -0.711z + 0.4464$。特别地, 当 $K_1 = 0.0396$ 时, 满足 $0 < y < 0.4$ 和 $0.4 < z < 0.6$ 的分岔参数为 $z = 0.5629784094$ 和 0.4886676035。

2. Hopf 分岔分析

当 $0.4 < y < 0.6$ 和 $0.4 < z < 0.6$ 时，快子系统为

$$
\begin{cases}
x' = f_1(x, y, z) = K_1(1 - x - y) - 0.00504x - 10^{13}xy\mathrm{e}^{-25y+18} \\
y' = f_2(x, y, z) = (-0.711z + 0.4464)(1 - x - y)^2 - 10^{13}xy\mathrm{e}^{-25y+18}
\end{cases} \tag{3.12}
$$

令 $p = -0.711z + 0.4464$，$s = 10^{13}\mathrm{e}^{-25y+18}$ 和 $u = 63 + 12500ys$，p 与 K_1 为参数。若 (x_0, y_0) 为平衡点，则必满足

$$
(1 - y_0)u^2 p - 12500suy_0 K_1 - 12500^2 sy_0 = 0 \tag{3.13}
$$

系统 (3.12) 在 (x_0, y_0) 的特征多项式为 $\lambda^2 + a\lambda + b = 0$。若在 (x_0, y_0) 出现 Hopf 分岔，必有

$$
12500K_1^2 + m_1 K_1 + 25000y_0(1 - y_0)pK_1 + 2(1 - y_0)p + (0.00504 + sy_0)u = 0 \tag{3.14}
$$

其中

$$
m_1 = 12500(0.00504 + sy_0) + 12500u(1 - y_0)(1 - 25y_0) + u
$$

$$
(K_1 + 0.00504 + sy_0)(1 - y_0)[2p(u + 12500K_0 y_0) + 12500K_1 s(1 - 25y_0)]
$$
$$
- [K_1(12500K_1 + u) + 12500K_1 s(1 - y_0)(1 - 25y_0)]
$$
$$
\times [2p(1 - y_0)(u + 12500K_1 y_0) + y_0 s(12500K_1 + u)] > 0 \tag{3.15}
$$

此外，若视慢变量 z 为分岔参数，由 Hopf 分岔还必须满足的横截性条件 $\mathrm{Re}(\mathrm{d}\lambda/\mathrm{d}z)_{z=z_0} \neq 0$ 可知，当 $0.4 < y < 0.6$ 时，有

$$
\mathrm{Re}(\mathrm{d}\lambda/\mathrm{d}z) = 1.422(1 - y)(u + 12500K_1 y)/(u + 12500K_1) > 0
$$

故系统 (3.12) 在 (x_0, y_0) 处出现 Hopf 分岔的充要条件是式 (3.13)∼ 式 (3.15) 同时成立，且此时系统产生的是超临界 Hopf 分岔。

3.2.3　周期振荡到周期簇发

在以上给定的参数下，我们首先考察整个系统平衡态随 K_1 变化的动力学行为演化过程。图 3.2(a) 呈现了当 K_1 从 0.01185 变化到 0.06 时整个系统的平衡点分岔图，图中实线部分为稳定结点，虚线部分为不稳定平衡点，LP1、LP2、LP3 都为 Fold 分岔点，分岔参数分别为 $K_1 = 0.0180482915$、0.017944762 和 0.052077926。LP1 与 LP3 的分岔参数值与理论计算值基本吻合。LR1 与 LR2 为鞍结同宿轨道分岔点，参数值分别为 $K_1 = 0.0180482915$ 和 0.052077926。图 3.2(b) 为 LP2 与 LR1 处的放大图。

从图 3.2 中可以发现从 $K_1 = 0.01185$ 开始整个系统处于稳定的平衡态，直到 $K_1 = 0.0180482915$，系统产生鞍结同宿轨道分岔，平衡态失稳导致周期振荡，并且随着 K_1 的增加，周期振荡的周期迅速减小。这也可以从当 $K_1 = 0.018048292$ 时周期 $T = 309398$，而当 $K_1 = 0.01805$ 时周期 $T = 13551$ 这一现象中得以证实。系统在 $0.0180482915 < K_1 < 0.052077926$ 范围内一直存在稳定的周期解。图 3.3(a) 显示了当 $K_1 = 0.0278$ 时系统的周期轨线在 yoz 平面上的投影。

理论研究可以发现当 $K_1 = 0.0298$ 时，快子系统将产生 Hopf 分岔，其分岔频率 $\Omega_2 = 0.121482943$Hz，从而导致系统出现簇发现象。此时，系统的运动包含两个频率，一个是由鞍结同宿轨道分岔导致的周期运动的频率 Ω_1，该频率随 K_1 变化；另一个即是快子系统的 Hopf 分岔频率 Ω_2。从图 3.3(b) 可以发现当 $K_1 = 0.033$ 时整个系统表现周期簇发振荡，即 N^k 振荡，整个系统在做大幅周期振荡的同时，快变量 x 与 y 围绕快子系统的平衡点做微幅振荡，而其中的微幅振荡产生的频率约为 0.12117797 Hz，与 Ω_2 吻合良好。

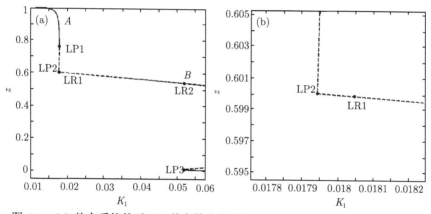

图 3.2　(a) 整个系统的对 K_1 单参数分岔分析；(b) LP2 处和 LP1 处的放大图

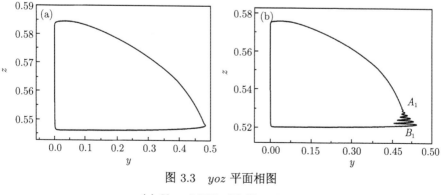

图 3.3　yoz 平面相图

(a) $K_1 = 0.0278$; (b) $K_1 = 0.033$

3.2.4　加周期分岔及其产生机制

随着 K_1 的继续增加，系统依然表现周期簇发振荡，图 3.4(a) 与 (b) 分别给出了 $K_1 = 0.038, 0.052077$ 时 yoz 的平面相图。仔细分析可以发现，此时整个簇发的周期随 K_1 的连续变化并不连续增加，呈现出加周期分岔特征。比较图 3.3(b)、图 3.4(a) 与图 3.4(b) 可以发现，随着 K_1 的增加，快子系统的 Hopf 分岔点和 Fold 分岔点之间的距离越来越长，如图 3.5 所示。即随着 K_1 的增加，Fold 分岔点提前，而 Hopf 分岔点滞后，使得整个系统处于激发态的时间越来越长，从而导致了加周期分岔现象。

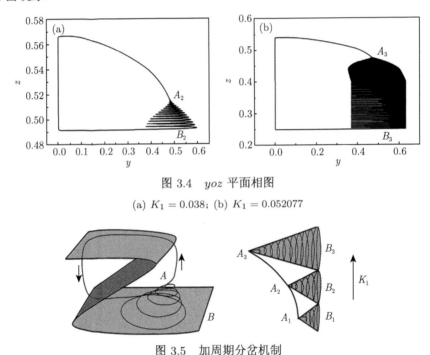

图 3.4　yoz 平面相图

(a) $K_1 = 0.038$; (b) $K_1 = 0.052077$

图 3.5　加周期分岔机制

其中 $A_i (i=1,2,3)$ 为 Hopf 分岔点，$B_i (i = 1,2,3)$ 为 Fold 分岔点

我们还可以发现，簇发振荡的振幅变化不太明显。当 $K_1 = 0.052077$ 时，系统的变量 y 花费很长时间一直做等幅振荡，然后振幅慢慢减小，最后进入沉寂态。此外，整个系统的振荡周期随着 K_1 的增加迅速增加，直到当 $K_1 = 0.052077926$ 时系统又产生鞍结同宿轨道分岔，$K_1 > 0.052077926$ 时整个系统又进入另一类稳定的平衡态。

3.2.5　Fold/Fold/Hopf 簇发现象及其诱发机制

为了进一步解释周期簇发的产生原因，固定参数 $K_1 = 0.0396$，系统的周期解如图 3.6(a) 所示，图 3.6(b) 为其在 yoz 平面上的投影，图 3.6(c) 与图 3.6(d) 为相应的时间历程。利用快慢动力学分析法，将慢变量 z 视为快子系统 x、y 的分岔参数，图 3.6(e) 给出的是该情形下快变量 y 关于 z 的平衡点分岔分析，曲线 A-$L1$ 段为稳定结点，$L1$-$L2$ 段为鞍点，在 $L2$-$H1$ 段上，平衡点由稳定结点变为稳定焦点，$H1$-B 段为不稳定焦点。$H1$ 为平衡点的超临界 Hopf 分岔，分岔值为 $z_{H1} = 0.505$，$L1$ 与 $L2$ 表示 Fold 分岔点，分岔值 $z_{L1} = 0.488668$ 和 $z_{L2} = 0.562987$，数值仿真参数值与理论计算结果基本吻合。

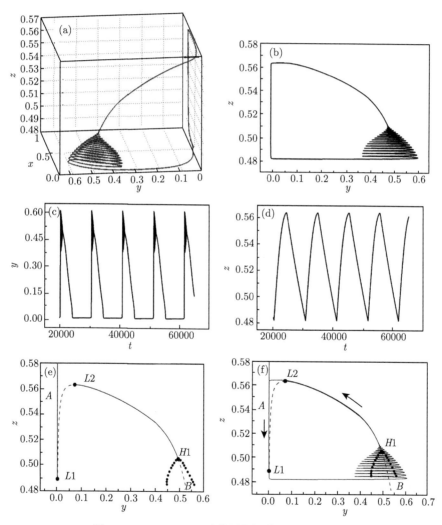

图 3.6 $K_1 = 0.0396$ 时的周期振荡及其分岔机制

(a) 系统空间相图；(b) yoz 平面相图；(c) y 的时间历程；(d) z 的时间历程；(e) y 关于慢变参数 z 的平衡点分岔图；(f) yoz 平面平衡点分岔图与相图的叠加

　　将系统轨线的 yoz 平面相图与平衡点分岔图在 yoz 平面叠加后得到图 3.6(f)。由时间历程图 3.6(c) 可知，全系统的轨线沿逆时针方向运动。不妨从 $z = 0.53(L2$ 与 $H1$ 之间) 处出发，该点为快子系统的稳定结点，轨线沿参数 z 增加方向做平稳运动。当参数增加到 $z_{L2} = 0.562987$ 时，快子系统发生 Fold 分岔，系统轨线跳到 $A\text{-}L1$ 分支上，系统仍然处于沉寂态。直到 $z_{L1} = 0.488668$ 时，快子系统再次发生 Fold 分岔，同时受到右半支稳定极限环的吸引，轨线跳到 $H1\text{-}B$ 分支上，周期轨道中快变量出现大幅振荡，此时，系统进入激发态。但随着参数 z 值的增加，快变量的大幅振动幅值随着快子系统周期运动振幅不断减小而减小，直到 $z_{H1} = 0.505$ 时，快子系统产生 Hopf 分岔，系统运动缓慢进入沉寂态，继续做平稳运动。一直到 $z = 0.53$ 时，系统完成一个周期运动，如此往复形成了 Fold/Fold/Hopf 簇发现象。

　　由此可知，金属表层一氧化碳与氧的浓度随着内层氧浓度的变化可以产生簇发现象，该周期簇发振荡在激发态与沉寂态之间来回转换是由快子系统的两种分岔模式引起的。需要指出的是，簇发振荡现象说明内层氧浓度的不同，导致其表层反应出现不同的稳态解。在具体污染控制、燃料电池制造、汽车尾气处理及常规的氢气生产等方面的实际操作中可以合理利用或有效避开这些特殊振荡情形。

　　虽然在一定的参数范围内，系统不存在周期簇发振荡，但是并不意味着系统不存在快慢效应。比如当 $K_1 = 0.0278$ 时，由于整个系统的轨线不涉及快子系统的 Hopf 分岔，因而周期振荡中不存在重复大幅振荡的激发态。但是，该系统的快慢效应是存在的，一种形式表现为由 Fold 分岔导致的快变量的跳跃行为；另一种则是初始点位于 Hopf 分岔点附近的轨线，首先呈现出 Hopf 分岔导致的多次大幅振荡，最后稳定到极限环吸引子，如图 3.7 所示。

　　在簇发振荡中，轨线由沉寂态向激发态转变的跳跃行为，总是发生在 Fold 分岔的下方。事实上，在快慢分析中，z 被看作是快子系统的分岔参数，但是在整个系统中，z 是一个状态慢变量。在 Fold 点附近状态变量 z 变化速率不是零，而是负值，图 3.8(a) 给出了在 Fold 点 $L1$ 处，状态变量 z 的变化速率，当参数 $K_1 \in (0.02, 0.05)$

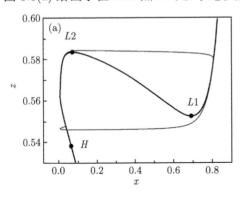
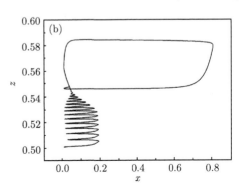

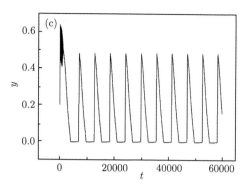

图 3.7 $K_1 = 0.0278$ 时系统的周期振荡

(a) x-z 平面中相图与分岔图的叠加；(b) y-z 平面上的投影系统；(c) 时间历程

时，$L1$ 处状态变量 z 的变化速率始终小于零。当轨线运动到 Fold 点 $L1$ 附近时，依然按照 z 减小的方向运行，直至速率为零后发生跳跃行为，因此从 C 到 D 的跳跃行为总是发生在 Fold 分岔点的下方。图 3.8(b) 与图 3.8(c) 给出了参数 $K_1 = 0.033$ 时在不同平面上的投影相图与分岔机制。

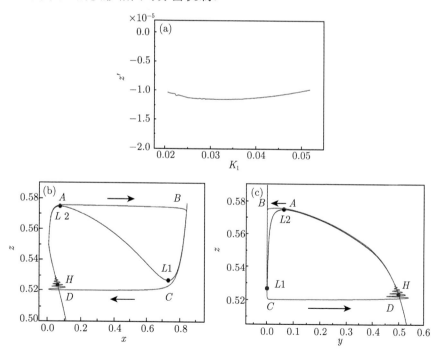

图 3.8 跳跃行为分析

(a) 状态变量 z 在 Fold 分岔点 $L1$ 处的变化率；(b) $K_1 = 0.033$ 时在 x-z 平面上相图与分岔图的叠加；(c) $K_1 = 0.033$ 时在 y-z 平面上相图与分岔图的叠加

3.3　周期外激励下非自治系统的多尺度效应

本节考虑系统受到周期微扰下的动力学特征。假设金属表面 CO 的无量纲浓度受到外界周期扰动因素影响，系统模型如下：

$$\begin{cases} x' = K_1(1-x-y) - K_{-1}x - K_3xy + a\cos\omega t \\ y' = 2K_2(1-x-y)^2 - K_3xy \\ z' = \varepsilon(\alpha y(1-z) - xz) \end{cases} \tag{3.16}$$

由 3.2 节我们知道，当 $\varepsilon = 0.00003$ 时，未扰系统存在两个时间尺度，快子系统 x、y 与慢子系统 z 的反应速率存在量级上的差异。如果周期扰动频率取值处于快慢之间，则系统 (3.16) 将出现多个时间尺度，这将导致系统的动力学行为更加丰富。

3.3.1　分岔分析

显然，$a\cos\omega t \in [-a, a]$，令 $p = \pm a$，我们首先引入常数扰动模型如下：

$$\begin{cases} x' = K_1(1-x-y) - K_{-1}x - K_3xy + p \\ y' = 2K_2(1-x-y)^2 - K_3xy \\ z' = \varepsilon(\alpha y(1-z) - xz) \end{cases} \tag{3.17}$$

下面我们分析快子系统的分岔特征。

1. Fold 分岔分析

由于系统涉及多个分段系统，在此我们考虑 $0 < y < 0.4$ 和 $0.4 < z < 0.6$ 时，快子系统的分岔行为。

$$\begin{cases} x' = f_1(x, y) = K_1(1-x-y) - 0.00504x - 5.78xy + p \\ y' = f_2(x, y) = (-0.711z + 0.4464)(1-x-y)^2 - 5.78xy \end{cases} \tag{3.18}$$

通过令 $x' = y' = 0$，快子系统 (3.18) 的平衡点 $E_0(x_0, y_0)$ 可表示为

$$\begin{cases} x_0 = -\dfrac{12500(-K_1 + K_1y_0 - p)}{63 + 12500K_1 + 72250y_0} \\ y_0^4 + a_1y_0^3 + a_2y_0^2 + a_3y_0 + a_4 = 0 \end{cases} \tag{3.19}$$

其中

$$a_1 = -1.998 + K_1/r$$

$$a_2 = 0.99651 + 0.34602p + \frac{-K_1 + 0.173K_1^2}{r} - \frac{p}{r}$$

$$a_3 = 0.0017424 - 0.345719p + \frac{-0.173K_1^2 - 0.173pK_1 - 0.00087K_1 - 0.00087p}{r}$$

$$a_4 = 0.76 \times 10^{-6} - 0.0003017p + 0.0299326p^2$$

$$r = -0.711z + 0.4464$$

令 $y_0 = u - b_1/4$，式 (3.19) 可转化为

$$u^4 + b_1 u^2 + b_2 u + b_3 = 0 \tag{3.20}$$

令 $A = b_1^2 + 12b_3$，$B = 9b_2^2 + 2b_1(b_1^2 - 4b_3)$，$C = 6b_1b_2^2 + (b_1^2 - 4b_3)^2$ 和 $\Delta = B^2 - 4AC$，如果 $\Delta = 0$ 且 $B \neq 0$，方程 (3.20) 存在一对二重根，快子系统将出现 Fold 分岔。

2. Hopf 分岔

当 $0.4 < z < 0.6$ 和 $0.4 < y < 0.6$ 时，快子系统可表示为

$$\begin{cases} x' = f_1(x, y, z) = K_1(1 - x - y) - 0.00504x - 10^{13}xy\exp(-1.0064(25y + 18)) + p \\ y' = f_2(x, y, z) = (-0.711z + 0.4464)(1 - x - y)^2 - 10^{13}xy\exp(-1.0064(25y + 18)) \end{cases} \tag{3.21}$$

平衡点 $E_0(x_0, y_0)$ 的特征方程可写为

$$p(\lambda) = \begin{vmatrix} a_{11} - \lambda & a_{12} \\ a_{21} & a_{22} - \lambda \end{vmatrix} = \lambda^2 + p_1\lambda + p_2 \tag{3.22}$$

其中

$$s = \exp(-1.0064(25y_0 + 18))$$

$$a_{11} = -K_1 - 0.00504 - 10^{13}y_0s$$

$$a_{12} = -K_1 - 10^{13}x_0s + 0.2516 \times 10^{15}x_0y_0s$$

$$a_{21} = -2r(1 - x_0 - y_0) - 10^{13}y_0s$$

$$a_{22} = -2r(1 - x_0 - y_0) - 10^{13}x_0s + 0.2516 \times 10^{15}x_0y_0s$$

$$p_1 = 2(1 - x_0 - y_0)r + 10^{13}(x_0 + y_0 - 25.16x_0y_0)s + K_1$$

$$\begin{aligned} p_2 = & 10^{13}(x_0 + y_0 - 25.16x_0y_0)sK_1 + 10^{13}(50.32x_0^2y_0 + 2y_0 + 2x_0^2 + 50.32x_0y_0^2 \\ & - 2y_0^2 - 2x_0 + 50.32x_0y_0)sr + 0.01008(1 - x_0 - y_0)r \\ & + 10^{13}(0.00504 - 0.1268y_0)x_0s \end{aligned}$$

利用 Routh-Huwitz 准则，如果 $p_1 < 0$ 和 $p_2 > 0$，则平衡点 E_0 是稳定的。再根据横截性条件 $\mathrm{Re}(\mathrm{d}\lambda/\mathrm{d}z)_{E_0} = 1.422(1 - x_0 - y_0) \neq 0$，Hopf 分岔集可表示为 $p_1 = 0$，$p_2 > 0$ 和 $x_0 + y_0 < 1$。

3.3.2　点–点型受迫簇发

令激励幅值 $a = 0.0014$，频率 $\omega = 0.0095$，则系统方程表示为

$$\begin{cases} x' = K_1(1 - x - y) - K_{-1}x - K_3xy + 0.0014\cos 0.0095t \\ y' = 2K_2(1 - x - y)^2 - K_3xy \\ z' = K_4y(1 - z) - K_5xz = \varepsilon(\alpha y(1 - z) - xz) \end{cases} \tag{3.23}$$

当参数 $K_1 = 0.0351$ 时，系统存在周期簇发振荡，如图 3.9 所示，整个系统轨线分为三部分：处于 A 与 B 之间的激发态，C 与 D 之间的沉寂态，还有连接激发态与沉寂态的跳跃行为。

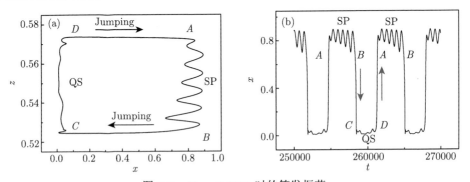

图 3.9　$K_1 = 0.0351$ 时的簇发振荡

(a) 系统空间相图；(b)yoz 平面相图

为了揭示该簇发振荡的动力学机理，下面我们利用包络快慢分析法进行分析。由于激励幅值 $a = 0.0014$，考虑常数扰动 $p = \pm0.0014$ 时，快子系统的平衡点分岔分析如图 3.10(a) 所示，其中 PA 与 NA 分别为 $p = \pm0.0014$ 时快子系统的平衡线，$N1$、$N2$、$P1$ 和 $P2$ 分别是折叠分岔临界点。处于 $N1$-$N2$ 与 $P1$-$P2$ 上的平衡点是不稳定的，而其他的平衡点是稳定的。在 xoz 平面上将系统相图与快子系统的平衡点分岔图相叠加得到图 3.10(b)。仔细分析我们发现，系统的激发态与沉寂态完全限制在两条稳定的平衡线之间。当两条稳定的平衡线之间的区域宽阔时，轨线将按照激励频率大幅振荡，形成系统的激发态；当两条稳定的平衡线之间的区域很狭窄时，系统轨线无法大幅振荡，因而只能呈现沉寂态。同时系统的两次跳跃行为发生在两个快子系统的两个折叠分岔临界点之间，比如从 D 到 A 的跳跃发生在折叠分岔临界点 $N2$ 与 $P2$ 之间，从 B 到 C 的跳跃行为发生在折叠分岔临界点 $N1$ 与 $P1$ 之间。由此可知，该簇发振荡行为激发态与沉寂态的产生及其交替出现，与周期激励因素和快子系统的折叠分岔行为密切相关，因此我们称之为点–点型受迫周期簇发 (point-point type forced bursting)。

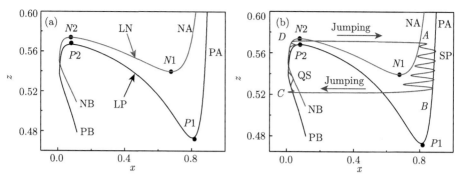

图 3.10 $K_1 = 0.0351$ 时簇发振荡机理分析

(a) 快子系统的分岔图；(b) 分岔图与相图的叠加

取 K_1 分别为 0.024567 与 0.024978，系统分别存在周期 4 簇发与混沌簇发。利用包络快慢分析可知图 3.11，其诱导机理与上述周期簇发振荡类似，多周期簇发与混沌簇发中激发态频繁振荡也是完全限制在两条稳定的平衡线之间的宽阔区域内，两条稳定平衡线之间狭窄区域内的轨线无法大幅振荡，从而形成了沉寂态，快子系统的折叠分岔导致了系统沉寂态与激发态的转迁。因此，我们称之为点–点型多周期受迫簇发与点–点型混沌受迫簇发。

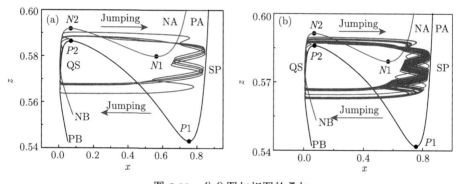

图 3.11 分岔图与相图的叠加

(a) $K_1 = 0.024567$；(b) $K_1 = 0.024978$

3.3.3 点–环型受迫簇发

当参数 $K_1 = 0.045$ 时，系统存在不同类型的簇发振荡行为，如图 3.12(a) 所示。与点–点型簇发不同的是，系统呈现两种完全不同的激发态，分别表示为 SP1 与 SP2。由包络快慢动力学分析 (图 3.12(a) 与 (c))，快子系统在 H 点产生超临界 Hopf 分岔，存在稳定极限环，这导致整个系统轨线经过快子系统的稳定极限环区域时，产生大幅振荡，其振荡频率与快子系统的 Hopf 分岔频率基本一致，形成系统的激发态 SP1。当轨线穿越 H 点后，激发态消失，系统进入沉寂态。激发态 SP2 的振荡频率与激励频率一致，其产生机理与 3.3.2 节一致，不再赘述。由此可见，该周期簇发振荡的沉寂态、激发态的产生及其相互转化与周期激励、快子系统的折叠分岔和 Hopf 分岔相关，故称之为点–环型受迫簇发 (point-cycle type forced bursting)。

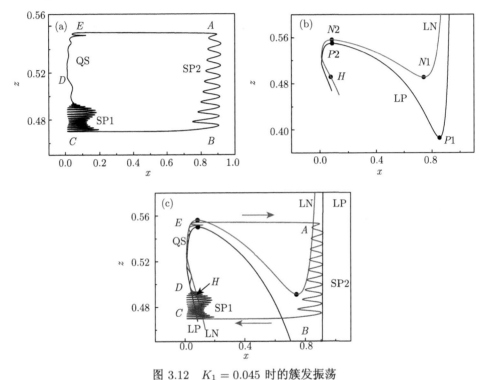

图 3.12　$K_1 = 0.045$ 时的簇发振荡

(a) 相图；(b) 快子系统的分岔图；(c) 分岔图与相图的叠加

3.3.4　两种受迫簇发的转迁机制

由 3.3.2 节和 3.3.3 节内容可知，K_1 取不同的值时，系统存在不同类型的簇发振荡行为，分别为点–点型与点–环型受迫簇发。本节我们将研究这些振荡行为随参数 K_1 变化时的转迁机理。

为了揭示其转迁机理，我们给出在 $x = 0.35$ 且 $K_1 \in (0.02, 0.058)$ 时，整个系统轨线的 Poincaré 截面图如图 3.13 所示，截面图呈现两个分支。之所以取截面为 $x = 0.35$，是因为我们发现图 3.9~ 图 3.12 中，$x = 0.35$ 时每条轨线对应的两个 z 值，几乎是系统发生跳跃时变量 z 的最大值与最小值。因此 Poincaré 截面图 3.13 中的上分支为慢变量 z 的极大值集，下分支为 z 的极小值集。根据其局部放大图，发现随着参数变化，相图存在倍周期分岔导致的混沌行为，图 3.11 给出了其中的多周期振荡与混沌振荡。

令 K_1 与慢变量 z 为分岔参数，图 3.14 呈现了快子系统的分岔集，LN1、LN2 与 LP1、LP2 分别表示 $p = -0.0014$ 与 $p = 0.0014$ 时快子系统的折叠分岔集。LH 表示 $p = -0.0014$ 时，快子系统超临界 Andronv-Hopf 分岔集。例如，当 $K_1 = 0.045$ 时，图 3.12(b) 中 $p = \pm 0.0014$ 时，快子系统所有的分岔临界点，如 $N1$、$N2$、$P1$、$P2$ 与 H，分别在分岔集 LN1、LN2、LP1、LP2、LH 与 $K_1 = 0.045$ 时的交点处。超临界 Andronv-Hopf 分岔集 LH 与折叠分岔集 LN1、LP1 的交点分别表示为 $S1$：$(K_1, z)_{S1} \approx (0.02585, 0.5356)$；$S2$：$(K_1, z)_{S2} \approx (0.04785, 0.475)$。

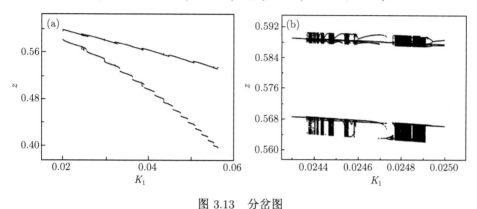

图 3.13　分岔图

(a) 以 $x = 0.35$ 为截面的 Poincaré 映射；(b) 局部放大图

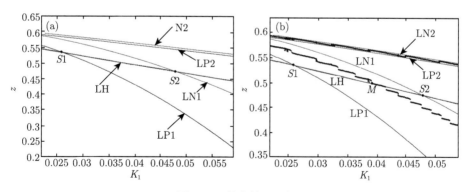

图 3.14　簇发转迁分析

(a) $p = \pm 0.0014$ 快子系统关于 z 与 K_1 的分岔集；(b) Poincaré 映射与分岔集的叠加

显然，当 $K_1 < 0.02585$ 时，Andronv-Hopf 分岔线 LH 位于 Fold 分岔线的下方，这意味着系统的轨线只经历快子系统的折叠分岔临界点，而不涉及快子系统的超临界 Andronv-Hopf 分岔，因此系统呈现点–点型受迫簇发；当 $K_1 > 0.04785$

时，Andronv-Hopf 分岔线 LH 位于 Fold 分岔线 LN1 与 LP2 之间，这导致整个系统的轨线必涉及快子系统的 Hopf 分岔与 Fold 分岔。因此，系统必然存在点–环型受迫簇发。

显然，振荡类型的转迁必然发生在交点 $S1$ 与 $S2$ 之间，即 $0.02585 < K_1 < 0.04785$ 时系统产生振荡行为的转迁。将 Poincaré映射截面图 3.13(a) 与快子系统的分岔集图 3.14(a) 叠加，得到图 3.14(b)。有趣的现象是截面图的上分支完全限制在两条 Fold 分岔集 LN2 与 LP2 之间，而下分支被两条 Fold 线 LN1 与 LP1 所包含，这种现象与前面所述内容完全一致。我们注意到 Hopf 分岔集 LH 与 Poincaré映射的下分支相交于点 $M(0.0391, 0.4985)$。这表示当 $K_1 < 0.0391$ 时，Hopf 分岔点参数值会小于轨线中慢变量 z 的极小值，因此轨线不会涉及快子系统的 Hopf 分岔点；而 $K_1 > 0.0391$ 时，Hopf 分岔点处于轨线中慢变量 z 的极小值与极大值之间，系统必然涉及快子系统的 Hopf 分岔点，因此点–点型受迫簇发与点–环型受迫簇发的转化点是 M 点。

我们发现当 $K_1 > 0.0391$ 时，Hopf 分岔线与 Poincaré映射的下分支之间距离越来越大，这说明簇发振荡中处于激发态的大幅振荡会呈现加周期现象，如图 3.15 所示。此外，还可以发现该系统的点–环型周期簇发振荡中含有三种振荡频率，因此也说明了此时整个系统呈现三个时间尺度的耦合。

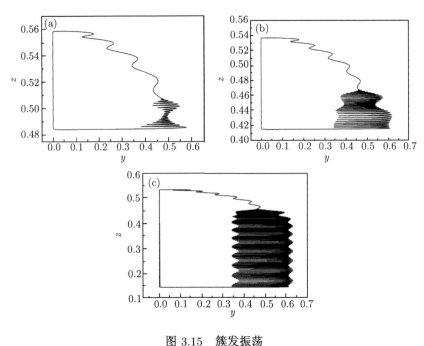

图 3.15　簇发振荡

(a) $K_1 = 0.042$; (b) $K_1 = 0.054$; (c) $K_1 = 0.0564$

3.4 本章结论

铂族金属表面 CO 氧化反应与内层催化反应的耦合, 导致其氧化过程中涉及不同的时间尺度, 因而会产生不同的张弛现象。其相应的稳定解会通过鞍结同宿轨道分岔产生周期很长的振荡行为, 且周期随参数的变化迅速减小。而当快子系统产生 Hopf 分岔时, 该周期振荡会进一步演化为周期簇发振荡, Fold 分岔和 Hopf 分岔使得系统轨道在沉寂态和激发态之间来回转换, 并由加周期分岔使得系统处在激发态的时间越来越长, 直到另一鞍结同宿轨道分岔产生后, 系统稳定到另一平衡态。此外对快子系统进行了局部静态分岔和 Hopf 分岔分析, 并通过数值仿真得以验证, 为相关实验研究提供了一定的理论依据。

当系统存在弱周期扰动时, 存在受迫簇发。利用包络快慢动力学分析发现, 轨线中的激发态与沉寂态的产生与两个快子系统的分岔及稳定平衡线之间区域大小相关。通过叠加快子系统的分岔集与整个系统的 Poincaré 映射, 我们发现在一定的参数范围内, 系统的轨线只涉及快子系统的折叠分岔, 并且快子系统的折叠分岔点导致了沉寂态与激发态之间的相互转化, 这时系统存在点-点型受迫簇发。随着参数的增大, 快子系统的 Hopf 分岔出现在轨线中, 系统存在点-环型受迫簇发, 该振荡包含两种激发态: 一种是快子系统的稳定滞后环导致轨线的大幅高频振荡, 其频率与快子系统的 Hopf 分岔频率吻合; 另一种是由周期激励导致的与激励频率一致的等幅振荡。快子系统的折叠分岔与 Hopf 分岔使得系统的解在两种激发态和沉寂态之间相互转化。此外, Hopf 分岔线与 Poincaré 映射的下分支之间距离的增加导致了簇发振荡中激发态的加周期现象。

参 考 文 献

[1] Slinko M M, Jeager N I. Oscillating heterogeneous catalytic systems. Studies in Surface science and Catalysis, 1994, 86: 1-21

[2] Kummer J T. Use of noble metals in automobile exhaust catalysts. The Journal of Physical Chemistry, 1986, 90(20): 4747-4752

[3] Armor J N. Striving for catalytically green processes in the 21st century. Applied Catalysis A: General, 1999, 189(2): 153-162

[4] Rostrup-Nielsen J R. Catalytic steam reforming. Catalysis Science & Technology, 1984, 5: 1-117

[5] Chumakov G A, Slinko M M, Belyaev V D, Slinko M G. Kinetic model of an auto-oscillating hetero generous reaction. Doklady Akademii Nauk SSSR, 1977, 234(2): 339-402

[6] Turner J E, Sales B C, Maple M B. Oscillatory oxidation of CO over a Pt catalyst. Surface Science Letters, 1981, 103(1): 54-74

[7] Sales B C, Turner J E, Maple M B. Oscillatory oxidation of CO over Pt, Pd and Ir catalysts: Theory. Surface Science, 1982, 114(2-3): 381-394

[8] Ertl G, Norton P R, Rüstig J. Kinetic oscillations in the platinum-catalyzed oxidation of CO. Physical Review Letters, 1982, 49(2): 177-180

[9] Jaeger N I, Möller K, Plath P J. Cooperative effects in heterogeneous catalysis. Part 1.— Phenomenology of the dynamics of carbon monoxide oxidation on palladium embedded in a zeolite matrix. Journal of the Chemical Society Faraday Transactions, 1986, 82(11): 3315-3330

[10] Latkin E I, Elokhin V I, Gorodetskii V V. Monte Carlo model of oscillatory CO oxidation having regard to the change of catalytic properties due to the adsorbate-induced Pt (1 0 0) structural transformation. Journal of Molecular Catalysis A: Chemical, 2001, 166(1): 23-30

[11] Santra A K, Goodman D W. Catalytic oxidation of CO by platinum group metals: From ultrahigh vacuum to elevated pressure. Electrochimica Acta, 2002, 47(22-23): 3595-3609

[12] Lashina E A, Chumakova N A, Chumakov G A, et al. Chaotic dynamics in the three-variable kinetic model of CO oxidation on platinum group metals. Chemical Engineering Journal, 2009, 154(1-3): 82-87

[13] 李向红, 毕勤胜. 铂族金属氧化过程中的簇发振荡及其诱发机理. 物理学报, 2012, 61(2): 88-96

[14] Li X H, Bi Q S. Forced bursting and transition mechanism in CO oxidation with three time scales. Chinese Physics B, 2013, 22(4): 040501

[15] Ivanova E A, Chumakova N A, Chumakov G A, et al. Modeling of relaxation oscillations in CO oxidation on metallic catalysts with consideration of reconstructive heterogeneity of the surface. Chemical Engineering Journal, 2005, 107(1-3): 191-198

[16] Conforto F, Groppi M, Jannelli A. On shock solutions to balance equations for slow and fast chemical reaction. Applied Mathematics & Computation, 2008, 206(2): 892-905

[17] Bi Q S. The mechanism of bursting phenomena in Belousov-Zhabotinsky (BZ) chemical reaction with multiple time scales. Science China-Technological Science, 2010, 53(2): 748-760

第4章 周期扰动下 BZ 反应的不同尺度效应

4.1 引 言

Belousov-Zhabotinsky(BZ) 反应是典型的振荡反应体系, 催化剂的存在, 极易使系统涉及不同时间尺度。1972 年, Field 等 [1,2] 学者提出 BZ 反应的 FKN 机理, 用约 20 个化学方程式解释该反应的动力学机制, 随后将 FKN 机理化简为含三个变量的微分方程组模型。此后, BZ 反应受到学者们的广泛关注 [3-5]。基于不同的实验方法, 该反应的自激振荡及空间有序结构等得到研究 [6-8]。为了进一步研究该反应, 与之相关的许多新数学模型被提出 [9]。通过对 BZ 反应的稳定性分析, Yochelis 等 [10,11] 得到了与之对应的不同分岔类型的边界条件, 并发现 Hopf 分岔和同宿分岔可能使反应产生周期振荡。20 世纪 90 年代以后, 很多化学振荡体系存在的不规则复杂振荡 (即多时间尺度效应) 受到了化学、物理专家的关注, 并从物化机理、数值模拟及实验等方面进行了深入研究。李向红和毕勤胜 [12-14] 研究了不同时间尺度耦合的 BZ 反应中的多尺度效应问题。

光敏 BZ 反应中往往含有具有独特的光物理和光化学性质的反应物, 这导致反应体系对有光和无光等反应条件极为敏感。Oregonator 振子是一类光敏 BZ 反应, 该模型由 Seliguchi 等学者 [15] 提出, 主要反应步骤如下 [16]:

$$\begin{cases} {}^*Ru(bpy)_3^{2+} + Ru(bpy)_3^{2+} + BrO_3^- + 3H^+ \longrightarrow 2Ru(bpy)_3^{2+} + HBrO_2 + H_2O \\ 4Ru(bpy)_3^{2+} + CHBr(COOH)_2 + 2H_2O \longrightarrow 4Ru(bpy)_3^{2+} + HCOOH + Br^- \\ \qquad\qquad\qquad\qquad\qquad\qquad\qquad\qquad\qquad\qquad +2CO_2 + 5H^+ \\ Br_2 + HCOOH \longrightarrow 2Br^- CO_2 + H^+ \end{cases}$$

$$(4.1)$$

在无光条件下, 该反应的无量纲数学模型为

$$\begin{cases} x' = s(y - xy + x - qx^2) \\ y' = (-y - xy + fz)/s \\ z' = k(x - z) \end{cases} \qquad (4.2)$$

其中 x、y 和 z 分别表示反应中 $HBrO_2$、Br^- 与 $Ru(bpy)$ 的浓度, 参数 s、q、f 和 k 是反应过程中的无量纲速率常数。由于该反应对光照因素敏感, 所以本章考虑反应体系受到来自外部的周期光扰动, 这些扰动将对反应的动力学行为产生影响。特别是, 周期扰动频率的大小将改变系统不同的子结构, 从而产生不同的尺度效应。

4.2　具有单慢变量的单-Hopf 簇发及其余维 1 分岔分析

假设周期光扰动因素将直接影响反应过程中 $HBrO_2$ 的浓度，则动力学模型如下：

$$\begin{cases} x' = s(y - xy + x - qx^2) + a\cos\omega t \\ y' = (-y - xy + fz)/s \\ z' = k(x - z) \end{cases} \tag{4.3}$$

为了便于分岔分析，令 $\theta = \omega t$，则式 (4.3) 转化为自治系统

$$\begin{cases} x' = s(y - xy + x - qx^2) + a\cos\theta \\ y' = (-y - xy + fz)/s \\ z' = k(x - z) \\ \theta' = \omega \end{cases} \tag{4.4}$$

如果 $\omega \ll 1$ 且与反应中的其他参数存在量级上的差别，则该反应是具有两个时间尺度耦合的系统，且慢变过程由周期扰动导致，因此该系统为含单慢变量的两时间尺度耦合的非线性系统。

4.2.1　分岔分析

基于快慢动力学分析法，令 $w = a\cos\theta$ 为快子系统的慢变参数，快子系统表示如下：

$$\begin{cases} x' = s(y - xy + x - qx^2) + w \\ y' = (-y - xy + fz)/s \\ z' = k(x - z) \end{cases} \tag{4.5}$$

快子系统的平衡点 $E_0(x_0, y_0, z_0)$ 满足下式：

$$sqx_0^3 + s(q + f - 1)x_0^2 - (sf + s + a)x - a = 0 \tag{4.6}$$

且 $y_0 = fx_0/(1 + x_0)$ 和 $z_0 = x_0$。平衡点 E_0 的特征方程为

$$\lambda^3 + a_2\lambda^2 + a_1\lambda + a_0 = 0 \tag{4.7}$$

其中

$$a_2 = s(2qx_0 + y_0 - 1) + k - (1 + x_0)/s$$

$$a_1 = s(2qkx_0 + ky_0 + 2x_0 - k) + 2qx_0^2 - x_0 - 1 + (1 + x_0)/s$$

$$a_0 = k(2qx_0^2 + 2qx_0 + fx_0 + 2y_0 - x_0 - f - 1)$$

如果 $a_0 > 0$, $a_2 > 0$ 且 $a_1 a_2 - a_0 > 0$, 则 E_0 是稳定的。系统产生 Hopf 分岔的必要条件是 $a_1 > 0$, $a_2 > 0$ 且 $a_1 a_2 - a_0 = 0$, 产生 Fold 分岔的必要条件是 $a_0 = 0$。

固定参数 $s = 2$, $f = 1.61$, $q = 0.05$ 和 $k = 0.161$, 快子系统关于慢变参数 w 的分岔图如图 4.1(a) 所示, 其中平衡线 EF 分为三部分: 分别是位于 H-E 的稳定焦点、H-LP 上的不稳定焦点和 LP-F 上的不稳定结点。H 为超临界 Andronv-Hopf 分岔点, 参数值为 $w_H = 0.9725$。当参数 $w < 0.9725$ 时, 快子系统存在稳定的极限环, 图 4.1(b) 给出了 $w = 0$ 时快子系统存在的极限环。随着 w 的减小, 系统在 LP 点处产生 Fold 分岔。

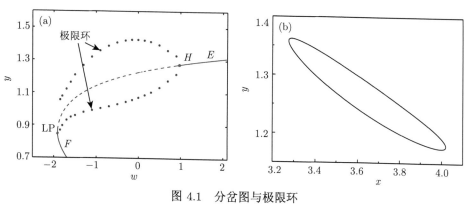

图 4.1   分岔图与极限环

(a) 快子系统关于慢参数 w 的分岔图; (b) $w = 0$ 时的相图

4.2.2   单-Hopf 簇发及其分岔机制

令激励频率 $\omega = 0.003$, 激励幅值 $a = 1.9$, 整个系统存在典型的簇发振荡行为, 其三维空间相图和时间历程如图 4.2 所示。显然空间轨线形状像一个漂亮的海螺, 整个周期振荡是大幅激发态振荡与微幅沉寂态振荡的耦合, 周期振荡频率恰恰是激励频率 0.003, 激发态的大幅振荡频率约是 0.26, 与快子系统极限环的振荡频率基本一致。

为了进一步揭示簇发振荡的分岔机制, 我们给出关于变量 y 与慢过程 $w = 1.9 \cos 0.003t$ 的转换相图 4.3(a)。有趣的现象是转化相图好像一条被吃完肉的鱼骨头, 鱼刺是激发态, 脊骨是沉寂态。叠加转换相图与快子系统的分岔图得到图 4.3(b)。下面我们详细描述整个簇发振荡的演变过程。不妨设系统轨线从 A 点出发, 此时快子系统存在的稳定的大幅极限环导致系统呈现大幅振荡而处于激发态, 当 Hopf 分岔发生时, 快子系统的稳定极限环变为稳定焦点, 使得整个系统的大幅振荡逐渐收敛到稳定平衡线, 即激发态逐渐演变为沉寂态。当轨线到达 B 点时, 慢变过程 $w = 1.9 \cos 0.003t$ 达到最大值, 轨线将按照 w 减小的方向运动, 并且一直保持沉寂态。直到 $w = 1.9 \cos 0.003t$ 达到最小值 C 点, 轨线又按照 w 增加的方向运动, 此时系统又受到稳定极限环的影响, 逐渐产生大幅振荡, 从而又进入激发态。整个过程只涉及快子系统的 Hopf 分岔, 因此称之为单-Hopf 簇发 (single-Hopf bursting)。

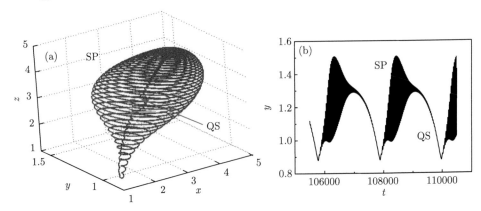

图 4.2　激励幅值 $a = 1.9$ 时的周期簇发振荡

(a) 三维空间相图; (b) 时间历程

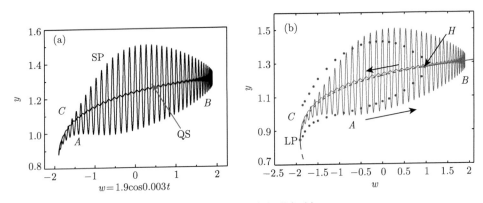

图 4.3　周期簇发振荡机制

(a) 在 woy 平面上的转换相图; (b) 转换相图与分岔图的叠加

在此需要说明的是, 单-Hopf 簇发中沉寂态的诱发机制有其特别之处。处于沉寂态的 B-H 部分轨线显然受到稳定平衡点的吸引。然而, 处于 H 与 C 之间的轨线好像是受到不稳定焦点的吸引, 这似乎不合常理。事实上, 在 H 与 C 之间, 接近不稳定平衡点的轨线具有两种运动趋势: 一种运动趋势是远离不稳定平衡点向稳定极限环旋转运动, 另一种是激励因素导致的, 按照 w 减小的方向运动。向极限环发散的速度由不稳定平衡点特征值的实部所确定, 比如, $w = 0.8$ 时的特征值为 0.00013 ± 0.4006i。而 w 减小的速度由激励频率 0.003 决定, 显然 0.00013 远小于

0.003。这说明，向极限环的发散趋势远小于按照 w 减小的运动趋势，即轨线几乎还没有发散就由于 w 减小而向左运动，因此系统 H-C 部分处于沉寂态轨线的运动机理得到了解释。

令激励幅值 $a = 1.5$，系统存在单-Hopf 概周期簇发振荡，相图与转换相图如图 4.4 所示，其诱发机制与上述类似，不再赘述。

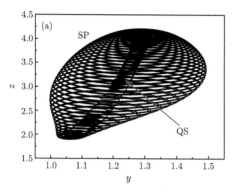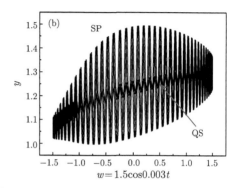

图 4.4 $a = 1.5$ 概周期簇发振荡

(a) 在 yoz 平面上的相图；(b) 在 woy 平面上的转换相图

4.2.3 激励幅值对簇发振荡的影响

如快子系统的分岔图 4.3，超临界 Hopf 分岔点 H 的慢参数 $w = 0.9725$。这说明，当 $w < 0.9725$ 时，快子系统存在稳定极限环吸引子，$w > 0.9725$ 时存在稳定极限环与稳定焦点吸引子。当激励幅值 $a > 0.9725$ 时，w 在 $-a$ 与 a 之间变化，因此整个系统的轨线会涉及两种吸引子，来自于稳定极限环与焦点的双稳性致使系统轨线在激发态与沉寂态之间相互转迁，从而导致了簇发振荡的发生。另一方面，如果激励幅值 $a < 0.9725$，整个系统轨线仅仅涉及快子系统的极限环吸引子，故而系统只呈现大幅振荡状态，沉寂态消失，图 4.5 给出了激励幅值 $a = 0.4$ 时系统的相图。因此，在外激励为慢过程的两时间尺度耦合的动力系统中，激励幅值决定慢参数的变化范围，调节整个系统涉及快子系统吸引子的类型，从而影响振荡行为的诱导机理。

本节讨论了当 BZ 反应自治系统只含有一个时间尺度且周期激励属于慢时间尺度的情况，该反应是两个不同时间尺度耦合且存在一个慢变过程的系统，响应存在单-Hopf 簇发。通过快子系统余维 1 分岔分析，并结合整个系统的转换相图，发现整个周期簇发振荡涉及快子系统的一个 Hopf 分岔，稳定极限环与稳定平衡点的双稳性导致系统轨线在沉寂态与激发态之间相互转化。此外，当周期激励是慢变过程时，激励幅值的大小决定着整个系统轨线涉及快子系统的分岔个数与种类，因此激励幅值也与簇发振荡密切相关。

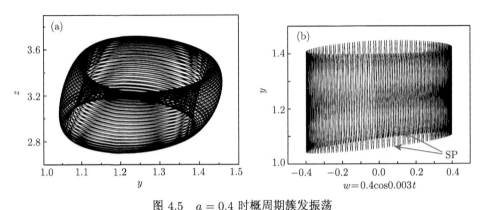

图 4.5　$a = 0.4$ 时概周期簇发振荡

(a) 在 yoz 平面上的相图; (b) 在 woy 平面上的转换相图

4.3　具有单慢变量的多尺度效应及其包络快慢分析

对于系统 (4.3)

$$\begin{cases} x' = s(y - xy + x - qx^2) + a\cos\omega t \\ y' = (-y - xy + fz)/s \\ z' = k(x - z) \end{cases}$$

如果参数 $k = 0.0005$,状态变量 z 是慢变过程,未扰系统包含两个不同时间尺度。引入周期扰动因素,原有系统的动力学行为将改变。合理选择扰动频率,可使得非自治系统存在多个时间尺度。本节主要讨论引入周期扰动后,原系统动力学行为发生的变化及其机理。

4.3.1　未扰系统的动力学行为分析

在两时间尺度耦合的未扰系统中,存在周期振荡,没有簇发行为发生,如图 4.6 所示。但是系统的快慢效应依然存在,从相图与时间历程可以发现,当慢变量取得极小值时,快变量存在从 A 到 B 的跳跃;当慢变量取得极大值时,快变量存在从 C 到 D 的跳跃,这两次跳跃行为使得快变量在数值上发生瞬间突变,而慢变量没有显著变化。根据快慢动力学分析,快子系统的 Fold 分岔导致了系统的两次跳跃行为 (FJ),在稳定平衡线上的稳态运动形成了沉寂态 (图 4.7)。

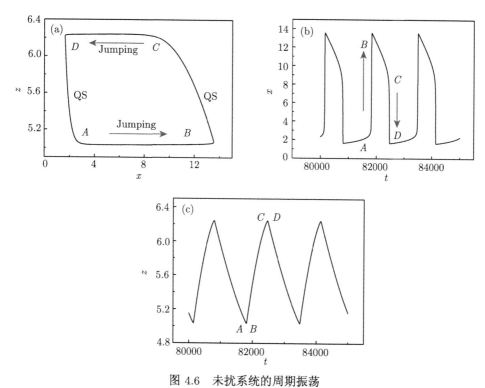

图 4.6 未扰系统的周期振荡

(a) 相图；(b) 快变量 x 时间历程；(c) 慢变量 z 时间历程

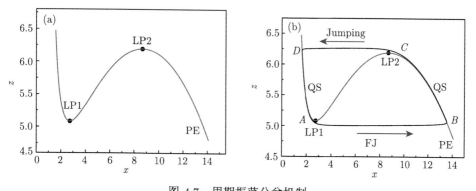

图 4.7 周期振荡分岔机制

(a) 快子系统的分岔图；(b) 相图与分岔图的叠加

4.3.2 受迫簇发及其分岔机制

当周期扰动 $a\cos\omega t = 0.2\cos 0.1t$ 时，未扰系统周期振荡中的沉寂态产生了微幅振荡，而变成了激发态，如图 4.8 所示。由于未扰系统存在快慢两个子系统，而

周期扰动趋于快过程, 利用第 2 章提出的单慢变量包络快慢分析方法, 图 4.9 给出了两个快子系统

$$\text{FS}(1): \quad \begin{cases} s(y - xy + x - qx^2) + a = 0 \\ -y - xy + fz = 0 \end{cases}$$

与

$$\text{FS}(2): \quad \begin{cases} s(y - xy + x - qx^2) - a = 0 \\ -y - xy + fz = 0 \end{cases}$$

的分岔。将分岔图与系统相图叠加 (图 4.9(b)), 可以发现, 所有的微幅振荡完全限制在两条稳定的平衡线之间, 两次跳跃行为也在两个 Fold 分岔点之间。此外, 周期扰动的幅值将改变微幅振荡的幅值 (图 4.10(a))。当扰动频率发生变化时, 周期振荡将演变为概周期振荡 (图 4.10(b))。

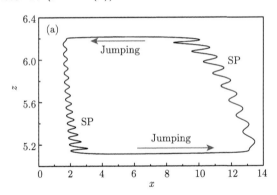

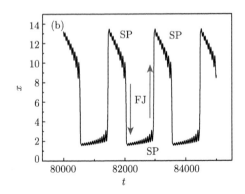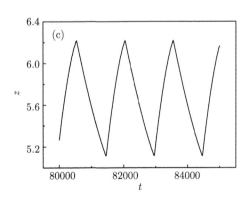

图 4.8　周期扰动系统中的簇发振荡

(a) 相图；(b) 快变量 x 时间历程；(c) 慢变量 z 时间历程

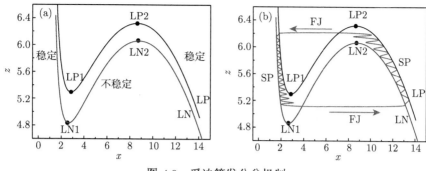

图 4.9 受迫簇发分岔机制

(a) 快子系统的分岔图；(b) 相图与分岔图的叠加

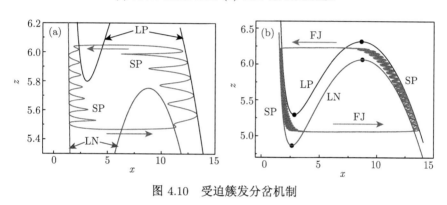

图 4.10 受迫簇发分岔机制

(a) $a\cos\omega t = 0.7\cos 0.1t$；(b) $a\cos\omega t = 0.2\cos 0.2t$

总而言之，如果 BZ 反应自治系统存在快慢两个时间尺度，周期激励趋于快过程，此时整个周期扰动系统是一个具有慢过程多时间尺度耦合的动力系统。在自治系统中，系统存在跳跃行为与沉寂态耦合的简单周期振荡行为，快变量的瞬间大幅跳跃行为表现出了该系统中的快慢效应。当引入快变过程周期激励时，系统产生了受迫簇发振荡，即自治系统周期振荡中处于沉寂态的轨线产生了微幅振荡，并且振荡频率与激励频率完全一致。由单慢变量包络快慢分析发现，激励幅值的大小决定了两个快子系统平衡线之间的区域，从而影响受迫簇发中微幅振荡的幅值。

4.4 具有两慢变量 BZ 反应的快慢效应及其 Cusp 分岔分析

本节仍然考虑受到周期光扰动的 BZ 反应模型 (4.3)

$$\begin{cases} x' = s(y - xy + x - qx^2) + a\cos\omega t \\ y' = (-y - xy + fz)/s \\ z' = k(x - z) \end{cases}$$

假设 $\omega \ll 1$ 与 $k \ll 1$ 是同阶无穷小量, 反应过程含有两个慢变量且存在两个不同的时间尺度, 其中快子系统 (FS) 表示为

$$\begin{cases} x' = s(y - xy + x - qx^2) + w \\ y' = (-y - xy + fz)/s \end{cases} \tag{4.8}$$

慢变量 $w = a\cos\theta$ 与 z 是快子系统的慢变参数。

4.4.1 分岔分析

快子系统的平衡点 $E_0(x_0, y_0, z_0)$ 满足方程

$$sqx_0^3 + s(q-1)x_0^2 + (sfz - w - s)x_0 - sfz - w = 0 \tag{4.9}$$

其稳定性与特征方程 $\lambda^2 + a_1\lambda + a_0 = 0$ 有关, 其中

$$a_1 = (s^2y + 2sqx_0 - s^2 + x_0 + 1)/s$$
$$a_0 = 2qx_0^3 + (4q-1)x_0^2 + (2q-2)x_0 + 2fz - 1$$

Fold 分岔的必要条件表示为

$$\Gamma: \begin{cases} sqx_0^3 + s(q-1)x_0^2 + (sfz - w - s)x - sfz - w = 0 \\ 2qx_0^3 + (4q-1)x_0^2 + (2q-2)x_0 + 2fz - 1 = 0 \end{cases} \tag{4.10}$$

消去 x_0 得到

$$(4fzq^3 + 28f^2z^2q + 4fzq^2 - 44f^2z^2q^2 - 4f^3z^3q - 14fzq + f^2z^2 + q^2 - 6fz + 2q + 1)s^3$$
$$+ 2w(2q^3 + 6f^2z^2q - 28fzq^2 - 10fzq + 4q^2 - fz + q - 1)s^2$$
$$- w^2(12fzq + 8q^2 + 8q - 1)s + 4qw^3 = 0$$

本节选取参数 $s = 2$, $f = 1.61$ 和 $q = 0.05$, 快子系统的平衡曲面如图 4.11(a) 所示, 可表示为

$$\text{PE:} \quad 0.1x^3 - 1.9x^2 + (3.22z - w - 2)x + 3.22z - w = 0$$

其中 x 是快变量, w 和 z 是两个慢变参数。快子系统的 Fold 分岔应满足方程

$$\text{LP:} \begin{cases} 0.1x^3 - 1.9x^2 + (3.22z - w - 2)x - 3.22z - w = 0 \\ 0.1x^3 - 0.8x^2 - 1.9x + 3.22z - 1 = 0 \end{cases}$$

该方程确定的空间曲线如图 4.11(b) 所示。消去上式中的 x 得到在参数平面上的投影

$$6.677z^3 - (47.487 + 6.221w)z^2 + (86.16 + 20.222w + 1.932w^2)$$
$$-8.82 + 7.518w + 1.16w - 0.2w^3 = 0$$

如图 4.11(c) 所示。分岔集有两个分支,相切于 Cusp 分岔点 CP(6.123764, 5.68185)。楔形分岔集将参数平面分成两个区域。在楔形内部区域 (I),快子系统存在三个平衡点,其中两个稳定的和一个不稳定的;楔形线外部区域 (II),仅存在一个稳定平衡点。穿越 LP1 与 LP2 上异于 CP 的点时,存在非退化的 Fold 分岔,如果从楔形线内部穿过 CP 点,快子系统的三个平衡点演变为一个平衡点。事实上分岔曲线 LP 恰恰在平衡曲面 PE 上 (图 4.11(d)),并且将平衡曲面分成稳定区域与不稳定区域。接近分岔曲线 LP1 与 LP2 的稳定平衡点分别表示为 stable-1 与 stable-2。

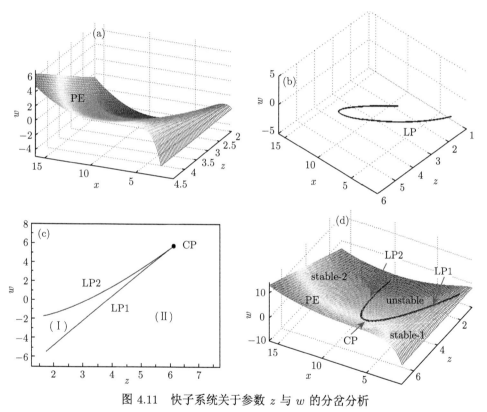

图 4.11　快子系统关于参数 z 与 w 的分岔分析

(a) 平衡曲面;(b) 空间双参 Fold 分岔曲线;(c) 双参分岔集;(d) 双参空间分岔图

4.4.2　Cusp 簇发与分岔机制

当 $k = 0.003$ 和 $w = 1.9\cos 0.001t$ 时,系统存在簇发振荡行为,其时间历程和相图如图 4.12 所示,系统存在频繁大幅振荡的激发态 SP 与平稳运动的沉寂态 QS。由于该激发态大幅振荡的次数太多,不利于清晰地揭示其振荡机理,所以我们取参数 $k = 0.002$ 和 $w = 1.9\cos 0.005t$,得到时间历程与关于快变量 x、慢变量 z 和周期扰动 $w = 1.9\cos 0.005t$ 的转换相图如图 4.13 所示。图中从 A 到 H 部分为激发态,从 H 到 A 部分为沉寂态,箭头表示轨线的运动方向。

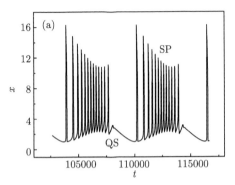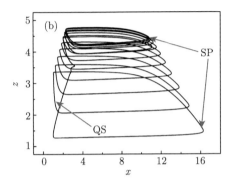

图 4.12　$k = 0.003$ 和 $w = 1.9\cos 0.001t$ 时的簇发振荡

(a) 时间历程；(b) 相图

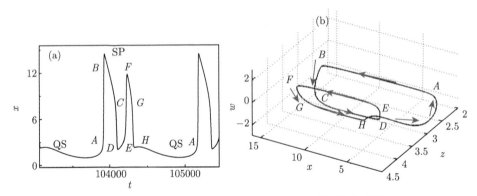

图 4.13　$k = 0.002$ 和 $w = 1.9\cos 0.005t$ 时的簇发振荡

(a) 时间历程；(b) 转换相图

　　基于快慢分析的思想,两个慢变量将被视为快子系统的分岔参数。利用两慢变量快慢动力学分析,将快变量 x 关于两个慢变参数 z 与 w 的三维空间平衡面及其分岔图与 xzw 空间上的转换相图相叠加,以揭示簇发振荡的分岔机理,如图 4.14 所示。

　　根据图 4.14,我们分析周期簇发振荡的运动历程。假设系统轨线从 H 点出发,显然该轨线在稳定的平衡面 stable-1 区域运动,处于沉寂态。运动至 A 点处,轨线脱离 stable-1 稳定区域跳跃至稳定区域 stable-2 内的 B 点。继续在平衡面 stable-2 上保持稳态运动到 C 点处,又跳到稳定区域 stable-1 内的 D 点。经过多次在两稳定区域之间跳跃后,最后跳回到稳定区域 stable-1 内的 H 点处,这样形成了系统从 A 点到 H 点的激发态。此外,轨线发生跳跃的转折点 A、C、E、G

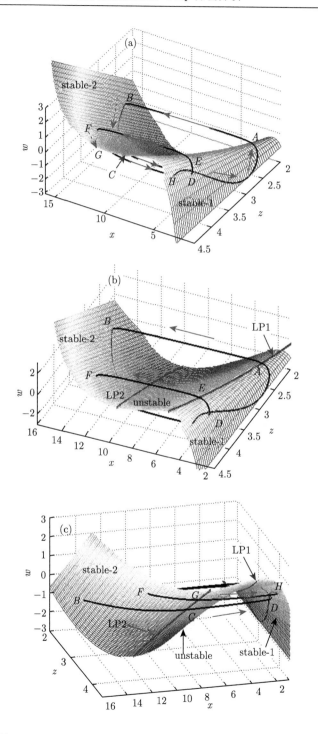

图 4.14 $k = 0.002$ 和 $w = 1.9\cos 0.005t$ 时簇发振荡分岔分析

分别在 Fold 分岔曲线 LP1 与 LP2 上，即快子系统的 Fold 分岔导致了多次跳跃现象的发生。由此看来，激发态是轨线两个稳定区域之间多次跳跃所致，并且在激发态中存在短时间的位于平衡面上的沉寂态运动，因此该激发态是混合激发态。系统到 H 点后，多次跳跃行为消失，又进入长时间的沉寂态，直至回到 A 点处。

然而，如果取参数 $k = 0.003$ 和 $w = 6.0\cos 0.004t$，系统的簇发行为消失，表现为简单的周期振荡，如图 4.15(a) 所示。分岔机理分析如图 4.15(b) 所示，此时系统轨线绕过了快子系统的 Cusp 分岔点，系统不存在多次跳跃现象，因而大幅振荡的激发态消失。由此可知，系统存在的上述簇发振荡与快子系统余维 2 的 Cusp 分岔密切相关，因而称之为 Cusp 簇发。

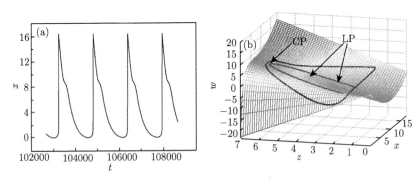

图 4.15　$k = 0.003$ 和 $w = 6.0\cos 0.004t$ 时的周期振荡

(a) 时间历程；(b) 三维双参分岔图与相图的叠加图

当 BZ 反应自治系统存在快慢两个时间尺度、外部周期扰动是慢变过程并且与自治系统中的慢变过程属于同阶小量时，整个周期扰动系统是具有两个慢过程的两时间尺度耦合的动力系统。周期激励系统存在 Cusp 周期簇发振荡现象。通过对快子系统的稳定性与余维 2 分岔分析，快子系统在一定的参数范围内存在 Cusp 分岔。利用两个慢变量快慢动力学分析法，发现当整个系统轨线无法绕过快子系统的 Cusp 分岔点时，系统将在快子系统的两个稳定平衡面之间多次跳跃，形成大幅振荡的激发态，而在平衡面上的稳态运动形成了系统的沉寂态。随着参数的变化，系统轨线将绕过 Cusp 分岔点，多次跳跃的激发态消失，进而簇发振荡演变为简单周期振荡。

4.5   具有两慢变量 BZ 反应的多尺度效应及其包络快慢分析

本节考虑 BZ 反应过程存在快慢两种不同频率的外部周期扰动，数学模型

如下:

$$
\begin{cases}
x' = s(y - xy + x - qx^2) + a\cos\omega t \\
y' = (-y - xy + fz)/s + b\cos\omega_1 t \\
z' = k(x - z)
\end{cases}
\tag{4.11}
$$

参数 $k = 0.003$, $w = a\cos\omega t = 1.9\cos 0.003t$, $b\cos\omega_1 t = 0.3\cos 0.6t$, s, f 和 q 取值与 4.4 节一致。显然,未扰系统本身存在两个时间尺度。外部激励频率分为快、慢两个频率,其中一个慢扰动频率为 0.003,与慢参数 k 时间尺度基本一致,另一个快扰动频率为 0.6。整个系统是多个时间尺度耦合的非自治系统。

在以上参数条件下,系统存在典型的周期簇发振荡,图 4.16(a) 与 (b) 分别给出了相应的相图与时间历程,图 4.16(c) 与 (d) 给出了时间历程中 A 与 B 处的局部放大图。与 4.4.2 节图 4.12 与图 4.13 相比,由于本系统存在快频率周期扰动,系统所有处于沉寂态的稳态运动,产生了微幅的振荡,其振荡频率恰恰与外激励快频率一致。

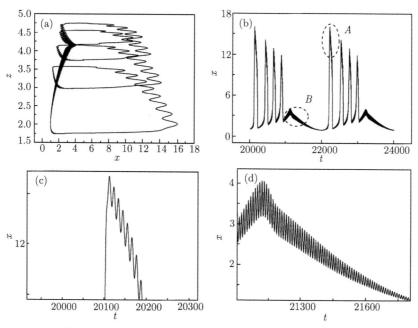

图 4.16 $w = a\cos\omega t = 1.9\cos 0.003t$ 时的周期簇发振荡

(a) 相图;(b) 时间历程;(c) 时间历程 A 处的放大图;(d) 时间历程 B 处的放大图

利用第 2 章提出的两慢变量包络快慢分析,给出快子系统

$$
\begin{cases}
x' = s(y - xy + x - qx^2) + w \\
y' = (-y - xy + fz)/s + b
\end{cases}
\tag{4.12}
$$

$b = \pm 0.3$ 时两个平衡面及其分岔图, 如图 4.17 所示, 其中 w 与 z 为快变量的分岔参数。将系统在 xzw 空间内的转换相图与分岔图相叠加 (图 4.18), 发现所有的微幅振荡完全限制在两稳定的平衡面之间。同时, 引起激发态的多次跳跃行为的转折点限制在两条 Fold 线之间, 因此称该振荡为受迫 Cusp 簇发。

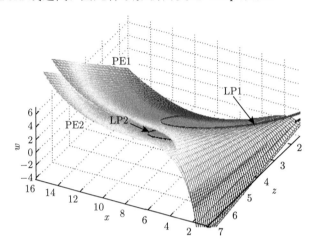

图 4.17　两个快子系统的双参分岔图

综上所述, 当 BZ 反应自治系统存在快慢两个时间尺度, 且受到快、慢两个不同频率的周期扰动时, 整个 BZ 反应是具有两个慢变量不同时间尺度耦合的非自治系统, 此时系统存在受迫 Cusp 簇发。利用两个慢变量包络快慢动力学分析, 发现只存在一个慢激励系统中所有处于沉寂态的稳态运动, 由于另一个快激励扰动而产生了微幅的振荡, 其振荡频率恰恰与外部激励的快频率一致, 并且这些微幅振

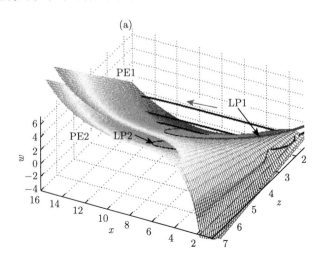

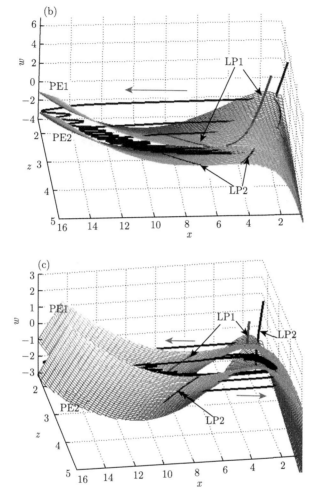

图 4.18 $w = a\cos\omega t = 1.9\cos 0.003t$ 时簇发振荡的分岔分析

荡完全限制在快子系统的两个稳定平衡面之间，多次跳跃行为也完全限制在两快子系统的两条 Fold 分岔集之间。

4.6 具有两慢变量 BZ 反应的两尺度效应及其 BT 分岔分析

本节讨论 BZ 反应过程存在两个慢变的外部周期扰动，模型如下：

$$\begin{cases} x' = s(y - xy + x - qx^2) + a\cos\omega t \\ y' = (-y - xy + fz)/s + a_1\cos\omega_1 t \\ z' = k(x - z) \end{cases} \tag{4.13}$$

其中参数 $k = 0.161$，s，q 和 f 取值与 4.4 节和 4.5 节相同。令 $w = a \cos \omega t = 1.9 \cos 0.003t$ 和 $b = a_1 \cos \omega_1 t = 0.15 \cos 0.006t$，显然 w 与 b 为在同一时间尺度上的慢变参数。

为了便于分岔分析，考察如下自治系统：

$$\begin{cases} x' = s(y - xy + x - qx^2) + w \\ y' = (-y - xy + fz)/s + b \\ z' = k(x - z) \end{cases} \tag{4.14}$$

快子系统 (4.14) 关于慢参数 w 与 b 的分岔集如图 4.19 所示。在区域 (3) 中系统没有平衡点；穿过折叠分岔 LP1 进入区域 (2)，系统分别存在稳定和不稳定平衡点；从区域 (2) 穿过 Hopf 分岔边界线 H 进入区域 (1)，此时稳定平衡点失稳并且出现稳定极限环；然后经过鞍点同宿轨道分岔 P 线后，在区域 (4) 中极限环消失。BT 点为余维 2-Bogdanov-Takens(简称 BT) 分岔临界点。

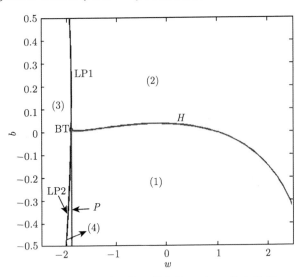

图 4.19　整个系统关于慢参数 w 与 b 的分岔集

在以上参数条件下，两个激励因素为同阶慢变过程，系统 (4.13) 存在周期簇发振荡现象，且整个周期振荡中系统存在两次激发态与两次沉寂态行为，其空间相图与时间历程如图 4.20 所示。为了揭示其诱发机理，给出快变量 y 与慢激励过程 $w = a \cos \omega t = 1.9 \cos 0.003t$ 的转换相图，如图 4.21(a) 所示，转换相图与分岔图叠加得到图 4.21(b)。根据快子系统的分岔特征，在区域 (1) 内系统存在稳定极限环吸引子，而在区域 (2) 内系统存在稳定平衡点吸引子。在图 4.21(b) 中，可以发现系统轨线存在四次穿越 Hopf 分岔线 H 的行为，两次由区域 (1) 穿过 H 线进入区

域 (2)，系统由激发态逐渐演变为沉寂态；两次由区域 (2) 穿过 H 线进入区域 (1) 后，系统由沉寂态逐渐演变为激发态。因此四次穿越 Hopf 线导致了两次沉寂态与两次激发态的产生及其相互转化。

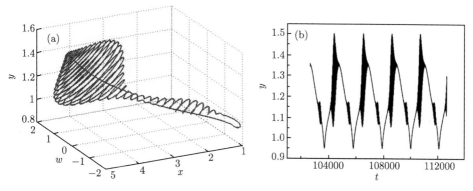

图 4.20　周期簇发振荡

(a) 相图；(b) 时间历程

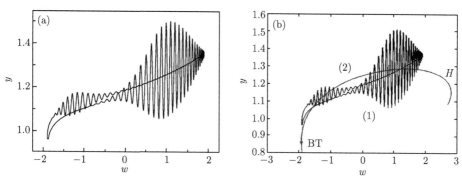

图 4.21　(a) woy 平面上的转换相图；(b) 转换相图与分岔图的叠加

所以，当 BZ 反应存在两个同阶小量的慢周期扰动时，系统呈现两次激发态与两次沉寂态的周期簇发振荡行为。通过自治系统关于这两个慢变参数的余维 2 分岔分析，发现系统轨线存在四次穿越 BT 分岔点附近的 Hopf 分岔集，当从稳定极限环区域穿过 Hopf 分岔线进入稳定平衡点区域时，系统由激发态逐渐演变为沉寂态；当从稳定平衡点区域穿过 Hopf 分岔线进入稳定极限环区域时，系统由沉寂态逐渐演变为激发态。

4.7　本　章　结　论

本章讨论了一类典型光敏 BZ 反应过程的动力学行为。如果系统受到来自外部光周期扰动，并且涉及不同时间尺度，反应过程存在典型的簇发振荡行为。激励频率的变化可以改变系统的快慢子结构，使得系统动力学现象更为复杂，比如存在单-Hopf 簇发、Cusp 周期簇发、受迫簇发等。这些簇发振荡不但与快子系统的余维 1 分岔密切相关，同时当慢变量的个数增加时，与快子系统的高余维分岔也密切相关。其分岔机理通过快慢动力学分析法和包络分析法得以解释。

参 考 文 献

[1] Field R J, Koros E, Noyes R M. Oscillations in chemical systems. II. Thorough analysis of temporal oscillation in the bromate-cerium-malonic acid system. Journal of the American Chemical Society, 1971, 94(25): 8649-8664

[2] Field R J, Noyes R M. Oscillations in chemical systems. IV. Limit cycle behavior in a model of a real chemical reaction. Journal of Chemical Physics, 1974, 60(5): 1877-1884

[3] Huh D S, Choe Y M, Park D Y, et al. Controlling the Ru-catalyzed Belousov-Zhabotinsky reaction by addition of hydroquinone. Chemical Physics Letters, 2006, 417(4-6): 555-560

[4] Gyorgyi L, Field R J. A three-variable model of deterministic chaos in the Belousov-Zhabotinsky reaction. Nature, 1992, 355(6363): 808-810

[5] Toth R, Stone C, Adamatzky A, et al. Dynamic control and information processing in the Belousov-Zhabotinsky reaction using a coevolutionary algorithm. Journal of Chemical Physics, 2008, 129(18): 184708

[6] Dolnik M, Zhabotinsky A M, Rovinsky A B, et al. Spatio-temporal patterns in a reaction-diffusion system with wave instability. Chemical Engineering Science, 2000, 55(2): 223-231

[7] Vanag V K, Epstein I R. Stationary and oscillatory localized patterns, and subcritical bifurcations. Physical Review Letters, 2004, 92(12): 128301

[8] Oya T, Ogino T. Constructing self-organized structures on silicon and sapphire surfaces. Surface Science, 2007, 601(12): 2532-2537

[9] Noyes R M. Oscillations in chemical systems. XII. Applicability to closed systems of models with two and three variables. Journal of Chemical Physics, 1976, 64(4): 1266-1269

[10] Yochelis A. Pattern formation in periodically forced oscillatory system. Doctoral Dissertation, Negev: Ben-Gurion University, 2004

[11] Jen D M. Homoclinic orbits near heteroclinic cycles with one equilibrium and one periodic orbit. Journal of Differential Equations, 2005, 218(2): 390-443

[12] Li X H, Bi Q S. Cusp bursting and slow-fast analysis with two slow parameters in photosensitive Belousov-Zhabotinsky reaction. Chinese Physics Letters, 2013, 30(7): 070503

[13] Li X H, Bi Q S. Single-Hopf bursting in periodic perturbed Belousov- Zhabotinsky reaction with two time scales. Chinese Physics Letters, 2013, 30(1): 10503

[14] Hou J Y, Li X H, Chen J F. Stability and slow-fast oscillation in fractional-order Belousov-Zhabotinsky reaction with two time scales. Journal of Vibroengineering, 2016, 18(7): 4812-4823

[15] Sekiguchi T, Mori Y, Hanazaki I. Photoresponse of the $(Ru(bpy)_3)^{2+}/BrO^{3-}/H^+$ system in a continuous-flow stirred tank reactor. Chemistry Letters, 1993, 1993(8): 1309-1312

[16] Agladze K, Obata S, Yoshikawa K. Phase-shift as a basis of image processing in oscillating chemical medium. Physica D:Nonlinear Phenomena, 1995, 84(1-2): 238-245

第5章　周期切换光敏 BZ 反应的非线性分析

5.1　引　　言

在许多化学反应中 [1-4]，诸如分岔和混沌等非线性现象已被广泛研究，研究最多的是 Belousov-Zhabotinsky(BZ) 反应，即丙二酸的催化氧化酸性溴酸盐反应。其中光敏 BZ 反应受到更多的关注 [5]，不仅因为对其研究有利于理解系统内在动力和外激励之间的相互关系 [6]，而且对其他类似反应具有潜在的研究价值。例如，Kuhnert 等 [7] 研究发现光敏 BZ 反应具有存储和平滑图像的作用。由于反应的动力学行为取决于实际参数，所以可以通过改变如流速及试剂浓度来调节振荡反应的动力学行为 [8,9]，或者通过调节光照控制参数来改变光照强度 [10,11]。在光敏 BZ 反应中，光照可能引起相位移动 [12]，光照条件的存在与否将会使系统表现出不同的动力学现象。因此，如果光照周期性地出现，则会引起不同反应步骤之间的周期性切换行为，即振荡将会在两个不同的子系统振荡类型中进行切换 [13]，这种切换行为能够导致更为复杂的动力学现象产生 [14,15]。李向红和毕勤胜 [16] 研究了切换 BZ 反应系统中的周期振荡和混沌振荡行为，并分析了子系统的稳定性对系统动力学行为的影响。

Oregonator 反应是一种光敏 BZ 反应，光照的存在能引起相图的转移。1995年，Agladze 等 [12] 同时给出了有光和无光两种条件下 Oregonator 反应的数学模型

$$\begin{cases} x' = f_{11}(x,y,z) = s(y - xy + x - qx^2) \\ y' = f_{12}(x,y,z) = (-y - xy + fz + h(z))/s \\ z' = f_{13}(x,y,z) = w(x - z) \end{cases} \tag{5.1}$$

其中 x、y 和 z 表示 $HBrO_2$、Br^- 和 Ru(bpy) 无量纲浓度，参数 s, q, f 和 w 是与反应速率有关的无量纲常数，不存在光照因素时 $h(z) = 0$，光照存在时 $h(z) = k(c - z)$。本章将考虑周期光照因素的存在，即在反应过程中，周期性地出现光照条件，因此整个系统是有光与无光的切换系统。下面讨论该切换系统的动力学行为。

5.2　数学模型与分岔分析

光敏 BZ 反应的整个切换系统包含两个子系统，分别是子系统 A(SSA)

$$d\boldsymbol{X}/dt = f_1(\boldsymbol{X}) \tag{5.2}$$

与子系统 B(SSB)

$$\mathrm{d}\boldsymbol{X}/\mathrm{d}t = f_2(\boldsymbol{X}) \tag{5.3}$$

其中 $\boldsymbol{X} = (x, y, z)^{\mathrm{T}}$，$f_1(\boldsymbol{X}) = (s(y - xy + x - qx^2),\ s^{-1}(-y - xy + fz),\ w(x - z))^{\mathrm{T}}$，$f_2(\boldsymbol{X}) = (s(y - xy + x - qx^2),\ s^{-1}(-y - xy + fz + k(c - z)), w(x - z))^{\mathrm{T}}$。

假设周期性出现光照因素，即向量场将在 SSA 与 SSB 之间周期性地变化，则切换系统的向量场描述为

$$\mathrm{d}\boldsymbol{X}/\mathrm{d}t = \begin{cases} f_1(\boldsymbol{X}), & [t/T] \in 2N \\ f_2(\boldsymbol{X}), & [t/T] \in 2N + 1 \end{cases} \tag{5.4}$$

其中 T 是每个子系统的控制时间，$[a]$ 表示不超过 a 的最大整数部分，N 是整数，整个切换系统 (5.4) 将在 SSA 与 SSB 之间交替变换，每个子系统向量场控制的无量纲时间为 T。

显然，由于切换因素的存在，整个系统的动力学行为将与每个子系统密切相关，因此子系统的分岔行为与平衡点的稳定性将影响整个切换系统的动力学行为。

对于 SSA，显然原点是平衡点，稳定性由其特征值决定。其他的平衡点记作 $E_0(x_0, y_0, z_0)$，满足方程 $F_0 = qx_0^2 + (f + q - 1)x_0 - f - 1 = 0$，其中

$$x_0 = z_0 = \frac{1 - f - q + \sqrt{(1 - f - q)^2 + 4q(f + 1)}}{2q}$$

$$y_0 = \frac{f(1 - f - q + \sqrt{(1 - f - q)^2 + 4q(f + 1)})}{1 - f + q + \sqrt{(1 - f - q)^2 + 4q(f + 1)}}$$

E_0 点处的特征方程表示为

$$\lambda^3 + a_2\lambda^2 + a_1\lambda + a_0 = 0 \tag{5.5}$$

其中

$$a_2 = 2qsx_0 + w - s + \frac{fx_0 s}{1 + x_0} + \frac{1 + x_0}{s}$$

$$a_1 = (2qx_0 - 1)(ws + x_0 + 1) + \frac{fx_0(2 + ws)}{1 + x_0} + \frac{(1 + x_0)w}{s}$$

$$a_0 = w(2qx_0 - 1)(x_0 + 1) + \frac{fw(x^2 + 2x - 1)}{1 + x_0}$$

利用 Routh-Hurwitz 准则，当 $a_0 > 0$，$a_2 > 0$ 并且 $a_1 a_2 - a_0 > 0$ 时，平衡点 E_0 是稳定的。

临界点失稳导致的 Fold 分岔是一类重要的分岔，Fold 分岔往往伴随平衡点数量的变化。通过平衡点的特征方程可以发现，SSA 不存在 Fold 分岔。当 E_0 的特征根满足条件

$$a_1 a_2 - a_0 = 0, \quad a_0 > 0, \quad a_2 > 0 \tag{5.6}$$

时, 可能会发生 Hopf 分岔, 但是 Hopf 分岔是否发生还需满足横截性条件。下面我们利用摄动法来探讨发生 Hopf 分岔应该满足的横截性条件。

设 w 为分岔参数, 假设在 $w = w_0$ 点 Hopf 分岔的必要条件已经满足, 即 w 在 $w = w_0$ 平衡点的特征根可表示为 $\lambda_{1,2} = \pm \mathrm{i}\omega$ 和 $\lambda_3 = -R$, 其中 $\omega > 0, R > 0$ 和 $\mathrm{i} = \sqrt{-1}$, 即特征方程表示为 $\lambda^3 + a_2\lambda^2 + a_1\lambda + a_0 = (\lambda^2 + \omega^2)(\lambda + R)$ 且 $a_2 = R, a_1 = \omega^2$ 和 $a_0 = \omega^2 R$。假设 δ 是分岔点 w_0 的小扰动, 即 $w = w_0 + \delta$, 扰动因素使得三个特征值都发生了微小变化 $\lambda_{1,2} = k_1 \pm \mathrm{i}(\omega + k_2)$ 和 $\lambda_3 = -(R + k_3)$, 然而平衡点 E_0 并未发生变化, 因此

$$\lambda^3 + a_2\lambda^2 + a_1\lambda + a_0 = [\lambda - k_1 + \mathrm{i}(\omega + k_2)][\lambda - k_1 - \mathrm{i}(\omega + k_2)](\lambda + R + k_3)$$

忽略高阶项得

$$a_2 = k_3 - 2k_1 + R = 2qsx_0 + w - s + \frac{fx_0 s}{1 + x_0} + \frac{1 + x_0}{s}$$

$$a_1 = 2\omega k_2 - 2Rk_1 + \omega^2 = (2qx_0 - 1)(ws + x_0 + 1) + \frac{fx_0(2 + ws)}{1 + x_0} + \frac{(1 + x_0)w}{s}$$

$$a_0 = 2R\omega k_2 + \omega^2 k_3 + \omega^2 R = w(2qx_0 - 1)(x_0 + 1) + \frac{fw(x^2 + 2x - 1)}{1 + x_0}$$

可得

$$k_1 = -\frac{(1 + x_0)^2(1 - f - 2qx_0) + (1 + x_0)(R + \omega^2) + f}{2(1 + x_0)(R^2 + \omega^2)}w + A$$

其中 A 与 w 无关。因此横截性条件为 $\mathrm{Re}\left(\dfrac{\mathrm{d}\lambda}{\mathrm{d}q}\right)_{w=w_0} = \dfrac{\mathrm{d}k_1}{\mathrm{d}w} \neq 0$, 即

$$(1 + x_0)^2(1 - f - 2qx_0) + (1 + x_0)(R + \omega^2) + f \neq 0 \tag{5.7}$$

SSB 的分岔分析与 SSA 类似, 不再赘述。

5.3　周期切换振荡及其分岔机制

系统 (5.4) 取参数 $s = 77.27$, $f = 1$, $k = 0.01$ 和 $c = 15$, 两个子系统关于参数 q 与 w 的分岔集如图 5.1 所示。在两个子系统中, 分别位于区域 (a1) 与 (b1) 的平衡点是稳定焦点, 在超临界 Hopf 分岔集 $H1$ 与 $H2$ 处平衡点失稳, 在区域 (a2) 与 (b2) 内产生稳定极限环。例如, $q = 0.077$ 时 SSA 始终存在稳定焦点, 而 $q = 0.075$ 时 SSB 在 $w > 0.00165$ 时存在稳定焦点, 而 $w < 0.00165$ 时存在稳定极限环。

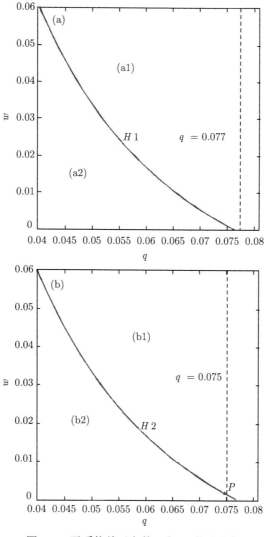

图 5.1 子系统关于参数 q 与 w 的分岔集

(a) SSA; (b) SSB

5.3.1 2T-focus/cycle与2T-focus/focus周期切换振荡

当 $w = 0.000261$, 周期切换时间 $T = 4000$ 时, 整个切换系统存在周期振荡, 如图 5.2 所示, 此时两个子系统分别存在稳定焦点和稳定极限环吸引子。显然整条轨线被分为 A、B 两部分, A 表示按照 SSA 中向量场的运动, B 部分代表受 SSB 控制的振荡行为, $S1$ 与 $S2$ 表示两个向量场之间相互切换的转迁点。

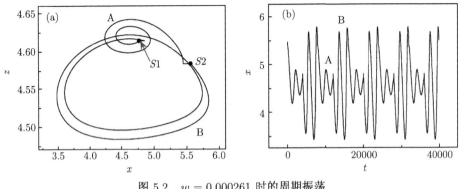

图 5.2　$w = 0.000261$ 时的周期振荡

(a) x-z 平面相图; (b) 时间历程

周期振荡演变过程如图 5.3(a) 所示。假设 $B1$ 为起点,此时轨线按照 SSB 的向量场运动,系统沿着点 $B2$、$B3$、$B4$、$B5$ 到点 $S2$。如果没有切换因素,轨线将收敛到稳定极限环 LR。然而由于在 $S2$ 点处,满足切换条件,整个系统将按照 SSA 的向量场运动,因而轨线跳到了由 SSA 控制的 $A1$ 点,且沿着 $A2$、$A3$、$A4$ 到 $S1$ 点。如果不存在光照导致的切换因素,轨线将稳定到平衡点吸引子 EP。然而在 $S1$ 点处,切换条件又一次满足,因此轨线又跳回到 $B1$ 点,完成了整个周期运动。这个周期过程被称为 2T-focus/cycle 周期切换振荡。

由时间历程图 5.3(b) 可以发现,$S1$ 到 $S2$ 部分的轨线由 SSB 控制,$S2$ 到 $S1$ 部分的轨线由 SSA 控制,在每个子系统的运行时间恰恰是周期切换时间 4000,完成 2T-focus/cycle 周期振荡的运行时间是 8000。

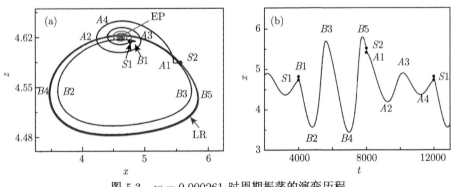

图 5.3　$w = 0.000261$ 时周期振荡的演变历程

(a) x-z 平面相图; (b) 时间历程

随着参数 w 增加,当 $w > 0.00165$ 时 SSB 由于 Hopf 分岔,稳定极限环变为稳定焦点,因此整个切换系统的动力学行为将发生定性的改变。当 $w = 0.00961$ 时,周期切换振荡如图 5.4 所示。此时两个子系统都存在稳定焦点,如果不存在切换条件，轨线将稳定在其中一个稳定焦点。由于周期光照因素的存在，当切换条件满足时，轨线将在切换点 $S1$ 与 $S2$ 处改变原来子系统的运行轨迹，按照控制子系统的向量场运动，称之为 2T-focus/focus 周期切换振荡。

由于周期切换时间较长，在每个子系统中轨线稳定在平衡点很长时间才切换到下个系统，所以从时间历程上看，整个周期振荡呈现大幅振荡与沉寂态的耦合现象，类似于具有多时间尺度耦合系统的簇发振荡现象。事实上这种现象也是切换系统中的不同时间尺度因素所致，即轨线收敛到每个子系统平衡点的时间与周期切换时间存在量级上的差别，因此子系统的固有频率远大于两个系统之间的切换频率，从而导致轨线存在沉寂态与大幅振荡激发态耦合的簇发振荡。

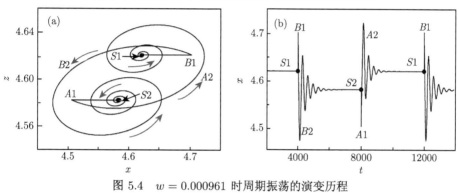

图 5.4 $w = 0.000961$ 时周期振荡的演变历程

(a) x-z 平面相图；(b) 时间历程

5.3.2 振荡增加序列与振荡减少序列

由于两个转迁点之间的时间恰恰是切换时间，整个周期切换振荡的无量纲时间保持常数 8000。然而随着参数的变化，当 $w \in (0.0001, 0.00165)$ 时，2T-focus/cycle 切换振荡行为存在定性的变化。如图 5.5 与图 5.6 所示，当 $w = 0.0001, 0.00026$ 和 0.001 时，在一个相同的周期内，每个子系统中振荡次数存在明显的倍数增加趋势。

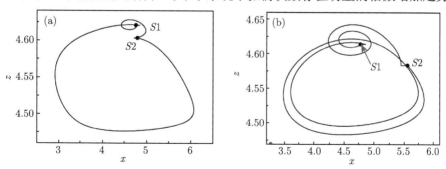

图 5.5 2T-focus/cycle 周期切换振荡的相图

(a) $w = 0.0001$；(b) $w = 0.000261$

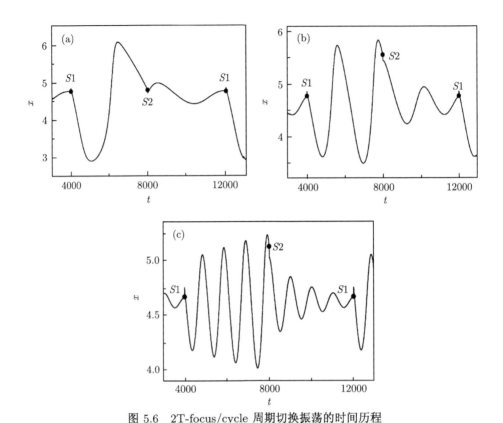

图 5.6　2T-focus/cycle 周期切换振荡的时间历程

(a) $w = 0.0001$; (b) $w = 0.000261$; (c) $w = 0.001$

表 5.1　SSA 与 SSB 下平衡点 EP1 与 EP2 的共轭复特征根

w	EP1(4.62094, 0.82209, 4.62094)	EP2(4.5824, 0.83953, 4.5824)
0.0001	$\lambda = -0.00033 \pm 0.00295i$	$\lambda = 0.00076 \pm 0.00282i$
0.000261	$\lambda = -0.0004115 \pm 0.00478i$	$\lambda = 0.00068 \pm 0.00467i$
0.001	$\lambda = -0.00078 \pm 0.0094i$	$\lambda = 0.000312 \pm 0.00923i$

我们给出在这三个参数条件下平衡点的特征值, 如表 5.1 所示。仔细分析发现, 在两个子系统中, 平衡点特征值的虚部远大于实部, 并且虚部随着参数的增加呈现近倍数增加, 即在固定的同一时间内, 轨线围绕平衡点的旋转角速度呈倍数增加。因此, 整个切换系统的每个周期中呈现振荡次数增加现象。

当参数 w 增加到 0.00165 时, 振荡序列增加现象消失。在 $w = 0.00165$ 点, SSB 发生 Hopf 分岔, 稳定极限环演变为稳定平衡点。整个切换系统存在稳定于两个稳定平衡点 EP1 与 EP2 的运动趋势。此时, 随着参数 w 的变化, 平衡点的特征值依然影响系统的动力学行为。如图 5.7 所示, 当参数 $w > 0.00165$ 时, 随着 w 的增加, 在具有相同时间的一个周期内, 切换系统存在振荡次数减少现象。两个子系统平衡点特征值的实部与虚部都在发生变化，如表 5.2 所示。相比较而言，虚部变化缓慢，实部的绝对值存在大幅增加的现象。这说明在固定的时间内，随着参数增加，轨线接近平衡点的线速度迅速增加，使得在每个子系统内，轨线的旋转次数相对减少，导致整个切换系统在固定周期时间内的振荡序列减少。

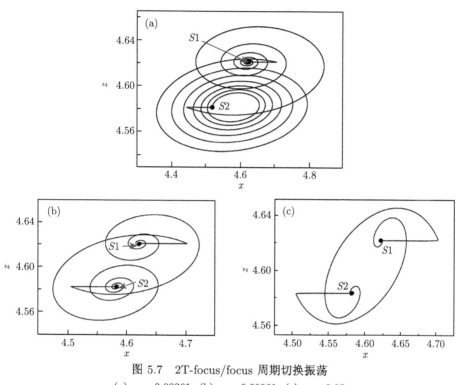

图 5.7   2T-focus/focus 周期切换振荡

(a) $w = 0.00261$; (b) $w = 0.00961$; (c) $w = 0.05$

表 5.2   SSA 与 SSB 的平衡点 EP1 与 EP2 的共轭复特征根

w	EP1(4.62094, 0.82209, 4.62094)	EP2(4.5824, 0.83953, 4.5824)
0.00261	$\lambda = -0.00158 \pm 0.0151\mathrm{i}$	$\lambda = -0.00049 \pm 0.0149\mathrm{i}$
0.00961	$\lambda = -0.0051 \pm 0.02867\mathrm{i}$	$\lambda = -0.004 \pm 0.028\mathrm{i}$
0.05	$\lambda = -0.025 \pm 0.0614\mathrm{i}$	$\lambda = -0.024 \pm 0.0607\mathrm{i}$

5.3.3   不变子空间

在此，需要特别指出的是切换系统存在两种特殊的现象：一种是在切换点处系统突然跳跃到下一个向量场的行为，这种现象明显存在于 2T-focus/focus 周期切换振荡，如图 5.7 所示。而在 2T-focus/cycle 切换振荡中该现象不太明显，但是在其时间历程及局部放大图 5.8(a) 中可以发现，在切换点处 $S1$ 的突然跳跃行为依然存在。另一种现象是系统在 x-y 平面的投影相图中，除跳跃行为外轨线的其他部分仅仅是两条直线，如图 5.8(b) 所示。下面我们通过分析平衡点的特征值及其附近线性不变子空间的特征来分析这两种现象。

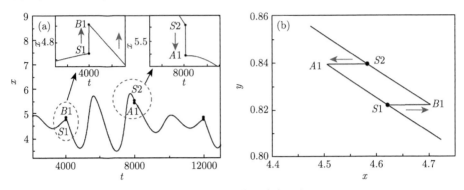

图 5.8　周期振荡的演变历程

(a) $w = 0.000261$ 时间历程；(b) $w = 0.00961$ 时 x-y 平面相图

以 $w = 0.00961$ 为例，SSA 的平衡点 EP1(4.62094, 0.2209, 4.62094) 的特征值分别为 $\lambda_{1,2} = -0.005 \pm 0.02867i$ 和 $\lambda_3 = -41.313$，相应的特征向量分别为 $v_1 = (-7.475, 1.103, 4.204)$，$v_2 = (14.038, -2.068, 3.17)$ 和 $v_3 = (99.967, 0.026, -0.023)$。因此平衡点 EP1 附近的不变子空间被分为两个子空间，即特征向量 v_1 与 v_2 张成的二维焦点型子空间

$$M1 : 12.193x + 82.721y - 0.026z + 124.227 = 0$$

与由特征向量 v_3 张成的一维结点型稳定子空间

$$L1 : \frac{x - 4.62094}{99.967} = \frac{y - 0.8229}{0.026} = \frac{z - 4.62094}{-0.023}$$

同理，SSB 中平衡点 EP2(4.5824, 0.83953, 4.5824) 附近的两个稳定子空间分别为稳定焦点型平面

$$M2 : 8.88x + 60.362y - 0.019z - 91.27 = 0$$

与稳定结点型线空间

$$L2 : \frac{x - 4.5824}{99.964} = \frac{y - 0.83953}{0.0267} = \frac{z - 4.5824}{-0.0235}$$

根据以上分析，两个子空间 $M1$ 与 $M2$ 几乎平行，两个结点型一维空间 $L1$ 与 $L2$ 也是几乎平行。$M1$ 与 $M2$ 的空间位置如图 5.9(a) 所示。另外，平衡点 EP1 的特征值 $|\lambda_3| \gg |\mathrm{Re}\lambda_{1,2}|$，这说明系统沿结点型子空间方向的运动速度远大于焦点型子空间上的运动速度，即在切换点 $S2$ 处，系统轨线很快地沿着特征向量 v_3 的方向

跳跃到焦点型子空间 $M1$ 上，然后在 $M1$ 平面内缓慢地收敛到稳定平衡点 EP1，如图 5.9(b) 所示。同理，SSB 中平衡点 EP2 的特征值 $\lambda_{1,2} = -0.004 \pm 0.028\mathrm{i}$ 和 $\lambda_3 = -40.787, 40.787$ 与 0.004 存在的巨大差异，导致轨线在切换点 $S1$ 首先跳到 $M2$ 上，然后在 $M2$ 平面内逐渐稳定到平衡点 EP2，如图 5.9(c) 所示。

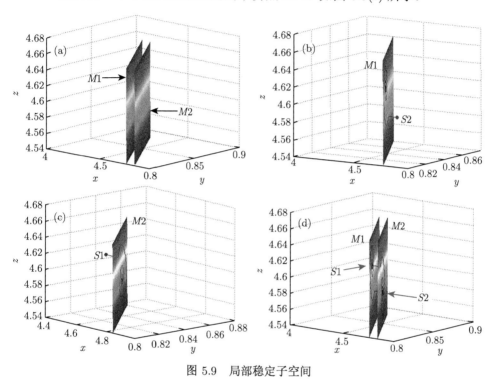

图 5.9 局部稳定子空间

(a) 平衡点 EP1 与 EP2 处的两个焦点型稳定子空间；(b) SSA 控制下的轨线；(c) SSB 控制下的轨线；
(d) 两个子系统交替控制下的轨线

另一方面，通过观察 $M1$ 与 $M2$ 的法向量，我们发现 $12.193 \gg 0.026$, $82.72 \gg 0.026$，这说明 $M1$ 与 $M2$ 的法向量 $\boldsymbol{n}_1$ 与 $\boldsymbol{n}_2$ 几乎与 x-y 平面平行，即 $M1$ 和 $M2$ 与坐标平面 x-y 垂直。因此周期切换振荡轨线相图在 xoy 平面内的投影，除了子系统之间转换时的跳跃行为，几乎是两条直线。事实上，整个系统的周期切换振荡是由两个切换点引导，沿着结点型子空间方向，两个焦点型稳定子空间之间的切换，如图 5.9(d) 所示。

5.4 混沌切换振荡及其机理分析

本节考察切换系统 (5.4) 存在周期参数扰动下的动力学行为。取参数 $s = 77.27$, $f = 1$, $k = 0.15$ 和 $c = 15$，参数 w 存在周期扰动 $w = L + a\cos\omega t$。

5.4.1 子系统的动力学行为分析

SSA 与 SSB 的分岔集如图 5.10 所示，$H1$ 与 $H2$ 分别为两个子系统的超临界 Hopf 分岔集。在其上方子系统存在稳定焦点，在其下方子系统存在稳定极限环。当参数 $q = 0.05$ 时，两个子系统的 Hopf 分岔临界点参数值分别为 $w = 0.033576$ 与 $w = 0.0149$。下面讨论 w 存在周期扰动时两个子系统的动力学行为。

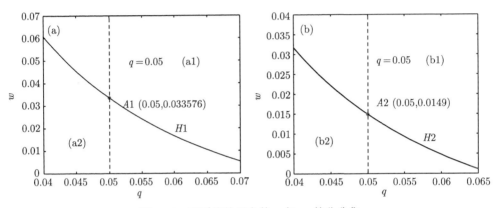

图 5.10   子系统关于参数 q 与 w 的分岔集

(a) SSA；(b) SSB

当 $w = L + 0.01 \cos 0.115t$ 时，随着参数 $0.03 < L < 0.05$ 的变化，SSA 由周期振荡转变为混沌，进而又演变为稳定焦点，图 5.11 给出了 $0.03 < L < 0.0335$ 时的分岔图。图 5.12 为 w 分别取 $0.03 + 0.01 \cos 0.115t$，$0.032 + 0.01 \cos 0.115t$ 和 $0.04 + 0.01 \cos 0.115t$ 时，在 xoz 平面上投影的相图，分别是周期振荡、混沌运动与稳定焦点。

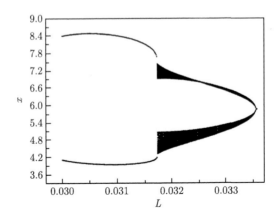

图 5.11   Poincaré 截面为 $z = 6$ 的分岔图

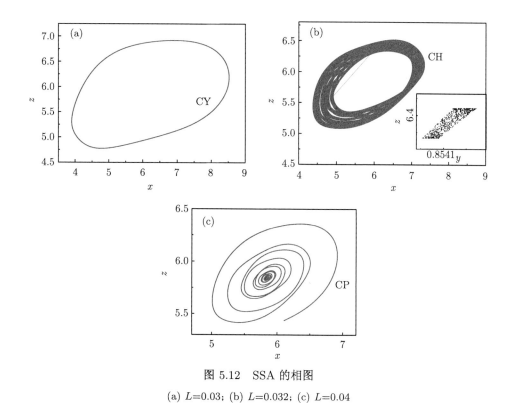

图 5.12 SSA 的相图

(a) L=0.03；(b) L=0.032；(c) L=0.04

下面通过分析自治系统的动力学行为来讨论激励系统的非线性现象。根据图 5.10 可知，当 $q = 0.05$ 时 SSA 在 $w < 0.033576$ 范围内存在稳定极限环，在 $w > 0.033576$ 范围内存在稳定焦点。由于 $L - 0.01 \leqslant w = L + 0.01 \cos 0.115t \leqslant L + 0.01$，图 5.13(a) 中的竖线表示参数 w 存在周期扰动时的变化范围。当 $0.03 < L < 0.033576$ 时，激励系统将涉及自治系统的稳定极限环与稳定焦点两种吸引子，此时激励系统因受到不同类型吸引子的影响，会产生不同的振荡行为，比如存在周期解、混沌及平衡点吸引子，如图 5.12 所示。而当 $L > 0.033576$ 时，激励系统只涉及自治系统稳定焦点，因此周期参扰系统只存在稳定焦点。

对于 SSB，根据图 5.10 可知，当 $q = 0.05$ 时子系统在 $w < 0.0149$ 范围内存在稳定极限环，在 $w > 0.0149$ 范围内存在稳定焦点。参数 w 在周期扰动下的变化范围表示为 $L - 0.01 \leqslant w = L + 0.01 \cos 0.115t \leqslant L + 0.01$，图 5.13(b) 中的竖线所在区域都在直线 $w = 0.0149$ 的上方，即激励系统仅涉及自治系统的稳定焦点，因此系统响应只存在稳定焦点，如图 5.14 所示。

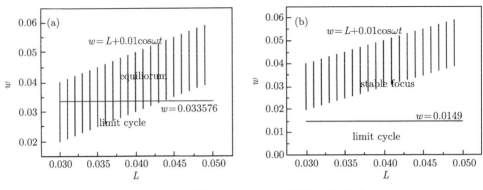

图 5.13　参数扰动系统与自治系统之间的关系

(a) 0.03< L <0.05 时参数扰动 SSA 与自治系统的关系; (b) 0.03< L <0.05 时参数扰动 SSB 与自治系统的关系

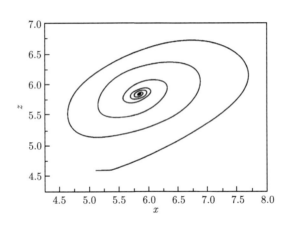

图 5.14　$L = 0.03$ 时 SSB 的相图

5.4.2　混沌切换振荡

考虑 L 变化时, 参数周期扰动下切换系统的动力学行为。

令切换系统中周期切换的无量纲时间为 $T = 3000$, 此时整个切换系统存在混沌振荡。图 5.15 给出了 $w = 0.03 + 0.01\cos 0.115t$ 时, 切换系统的混沌振荡行为, 此时两个子系统分别存在稳定的焦点和极限环吸引子。如果没有切换条件存在, 则轨线仅呈现一个系统的动力学特征。由于切换条件的存在, 系统出现了新的混沌现象, 故称之点–环型混沌切换振荡。当 $w = 0.032 + 0.01\cos 0.115t$ 时, 两个子系统分别存在混沌和稳定的焦点, 切换系统也存在混沌切换振荡行为, 如图 5.16 所示。当 $w = 0.05 + 0.01\cos 0.115t$ 时, 两个子系统分别存在稳定焦点, 但是整个系统呈现混沌振荡行为, 如图 5.17 所示, 称之为点–点型混沌切换振荡。

有趣的现象是，点–环型混沌切换振荡始终过一个定点 $S2(3.45472, 1.16427,$ $3.45472)$，该点不但是轨线的切换点，同时也是 SSB 的稳定平衡点。点–点型混沌切换振荡过两个定点 $S1(5.84429, 0.85389, 5084429)$ 与 $S2(3.45472, 1.16427, 3.45472)$。同样，这两个定点不但是子系统交替变化时的切换点，而且还是各个子系统的稳定平衡点。事实上这种过定点的混沌振荡行为在自治系统中是不可能发生的。因为各子系统分别为非自治系统，在相空间中同一点处的向量场随着时间的变化可能不同，因此出现了过定点的混沌现象。此外，这种特殊的混沌现象进一步说明了混沌吸引子对初始条件的敏感性。

切换时间的变化将影响切换系统的动力学行为。当切换时间 $T=546.36$ 时，接近激励周期的 10 倍，混沌振荡转化为周期切换振荡，如图 5.18 所示。

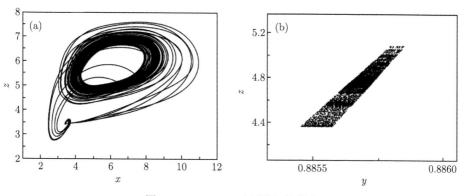

图 5.15　$L=0.03$ 时混沌切换振荡

(a) 相图；(b) 轨线的庞加莱截面

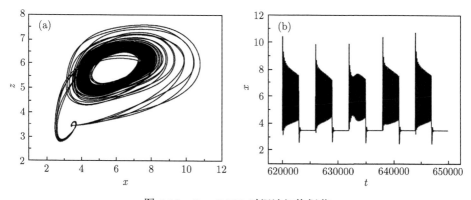

图 5.16　$L=0.032$ 时混沌切换振荡

(a) 相图；(b) 时间历程

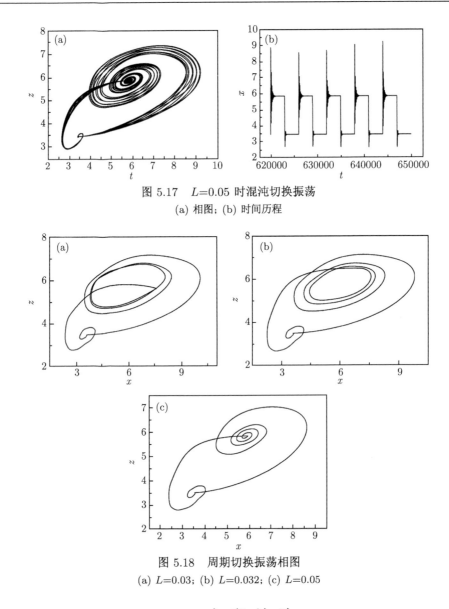

图 5.17 $L=0.05$ 时混沌切换振荡

(a) 相图；(b) 时间历程

图 5.18 周期切换振荡相图

(a) $L=0.03$；(b) $L=0.032$；(c) $L=0.05$

5.5 本章结论

本章讨论了 BZ 反应在周期性光照的条件下，切换系统的动力学行为。根据切换条件，该系统在两个子系统向量场之间交替变化，子系统的稳定性及其分岔特性将影响整个切换系统的动力学行为。

随着参数的变化，切换系统存在不同类型的振荡行为。当两个子系统分别存在不同类型的吸引子时，整个系统存在不同的振荡形式，比如 2T-focus/cycle 周期切换振荡、2T-focus/focus 周期切换振荡。如果系统参数受到周期扰动，由于参数周期性变化，非自治系统中存在不同类型的吸引子，导致整个切换系统出现不同的振荡现象，诸如混沌切换振荡与周期切换振荡。当共轭复根特征值实部与实根之间存在巨大差异时，切换系统在切换点处存在向下一个向量场的跳跃行为，因而系统呈现了快慢耦合的现象。如果周期切换频率与子系统的固有频率存在量级上的差异，则整个系统由于存在不同时间尺度的耦合，系统也呈现沉寂态与大幅振荡的激发态交替出现的簇发振荡行为。

参 考 文 献

[1] Passerone D, Parrinello M. Action-derived molecular dynamics in the study of rare events. Physical Review Letters, 2001, 87(10): 1339-1342

[2] Davis M J, Klippenstein S J. Geometric investigation of association dissociation kinetics with an application to master equation for $CH_3+CH_3 \longleftrightarrow C_2H_6$. Journal of Physical Chemistry A, 2002, 106: 5860-5879

[3] Li Q S, Zhu R. Chaos to periodicity and periodicity to chaos by periodic perturbations in the Belousov-Zhabotinsky reaction. Chaos Soliton & Fractals, 2004, 19: 195-201

[4] Bi Q S. The mechanism of bursting phenomena in Belousov-Zhabotinsky (BZ) chemical reaction with multiple time scales. Science China Technological Sciences, 2010, 53(2): 748-760

[5] Maharaa H, Yamaguchia T, Morikawab Y, et al. Forced excitations and excitable chaos in the photosensitive Oregonator under periodic sinusoidal perturbations. Physica D: Nonlinear Phenomena, 2015, 205(1-4): 275-282

[6] Wolff J, Papathanasiou A G, Keverekidis I G, et al. Spatiotemporal addressing of surface activity. Science, 2001, 294(5540): 134-137

[7] Kuhnert L, Agladze K I, Krinsky V I. Image processing using light-sensitive chemical waves. Nature, 1989, 337(6294): 244-247

[8] Kumli P I, Burger M, Hauser M J B, et al. Oscillations in the Belousov-Zhabotinsky reaction with sorbitol in the presence of bromine. Physical Chemistry Chemical Physics, 2003, 5(24): 5454-5458

[9] Kumli P I, Burger M, Hauser M J B, et al. Analysis of flow and heat transfer characteristics of micro-pin fin heat sink using silver nanofluids. Science China Technological Sciences, 2012, 55(1): 155-162

[10] Zhao B, Wang J. Chemical oscillations during the photoreduction of 1, 4-benzoquinone in acidic bromate solution. Journal of Photochemistry and Photobiology A, 2007, 192(2): 204-210

[11] Harati M, Amiralaei S, Green J, et al. Chemical oscillations in the 4-aminophenol-bromate photoreaction. Chemical Physics Letters, 2007, 439(4-6): 337-341

[12] Agladze K , Obata S, Yoshikawa K. Phase-shift as a basis of image processing in oscillating chemical medium. Physica D: Nonlinear Phenomena, 1995, 84(1): 238-245

[13] Zhai G S, Xu X P, Hai L, et al. Analysis and design of switched normal systems. Nonlinear Analysis, 2006, 65(12): 2248-2259

[14] Russoa L, Mancusi E, Maffettone P L, et al. Symmetry properties and bifurcation analysis of a class of periodically forced chemical reactors. Chemical Engineering Science, 2002, 57(24): 5065-5082

[15] Mancusia E, Altimarib P, Russoc L, et al. Multiplicities of temperature wave trains in periodically forced networks of catalytic reactors for reversible exothermic reactions. Chemical Engineering Journal, 2011, 171(2): 655-668

[16] Li X H, Zhang C, Yu Y, et al. Periodic switching oscillation and mechanism in a periodically switched BZ reaction. Science China Technological Sciences, 2012, 55(10): 2820-2828

第6章 Brusselator 振子的快慢效应及其分岔机制

6.1 引　　言

　　Brusselator 振子是 1968 年由 Prigogine 和 Lefever 提出的一类描述自催化反应的经典化学反应模型[1]，它的非线性行为受到了国内外学者的广泛关注。与之相关的稳定性、解析解、数值解、分岔和控制等内容已被大量研究。例如，Li 和 Wang[2] 利用 Hopf 分岔理论、规范型理论和中心流形定理分析了 Brusselator 反应中的 Hopf 分岔与周期解。Yu[3] 研究了双 Brusselator 模型的 Hopf 分岔与双 Hopf 分岔行为。Zuo 等[4] 详细分析了一个 Brusselator 模型的唯一平衡点的稳态分岔。Ananthaswamy[5] 采用同伦摄动法求出了非线性稳态边界值的近似解析解。Siraj-ul-Islam[6] 结合狄利克雷和诺依曼边界条件研究了二维反应扩散 Brusselator 模型的数值解的无网格技术。Mittal[7] 提出了一种数值微分求积方法研究二维扩散 Brusselator 振子。Bashkirtseva[8] 分析了 Brusselator 系统在随机激励及周期激励下的响应。Guruparan[9] 研究了 Brusselator 振子的周期解、拟周期解、混沌、滞后、共振等动力学现象。Vaidyanathan[10] 利用 Lyapunov 稳定性理论讨论了 Brusselator 的自适应控制，建立了合理的自适应控制规律。

　　由于存在催化剂，Brusselator 模型是典型的多尺度耦合反应。著名的 BZ 反应、铂族金属表面的 CO 氧化反应、硫酸溶液中的金属电化学反应和扩散反应等化工系统中的快慢效应已有大量的研究[11-16]。文献 [9], [17] 分析了具有不同时间尺度的 Brusselator 模型的动力学行为。李向红[18,19] 研究了自治和受扰 Brusselator 模型的快慢效应，并给出了分离快慢子系统的方法。

6.2　基于坐标变换的 Brusselator 快慢效应

6.2.1　经典的Brusselator模型及其快慢效应

　　经典的 Brusselator 模型具有如下形式：

$$u' = A - (B+1)u + u^2 v \tag{6.1a}$$

$$v' = Bu - u^2 v \tag{6.1b}$$

其中 $u(t)$ 和 $v(t)$ 分别是反应过程中催化剂和抑制剂的浓度，A 和 B 是决定系统动力学行为的外部参数。

参数的变换可能会改变系统的时间尺度和极限环的形状。例如，当 $B = 2$ 和 $A = 1$ 时，系统只涉及一个时间尺度，极限环 (图 6.1) 类似于简谐振动。若参数 A 固定，随参数 B 的增加系统逐渐表现出两个时间尺度，使得系统出现快慢交互的过程。例如，当 $B = 10$ 时系统中出现了快慢现象，如图 6.2 所示，从 $H1$ 到 $H2$ 的瞬间跳跃行为形成了快变化的过程，其他运动行为属于慢变过程。

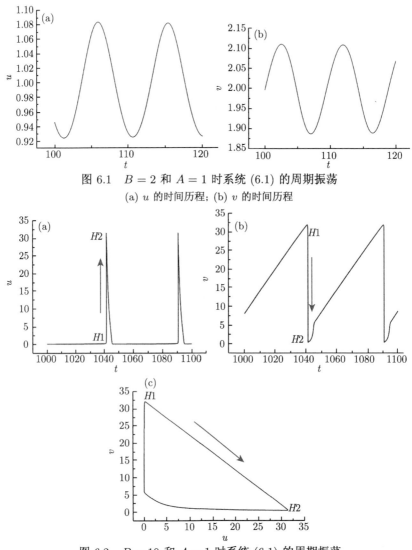

图 6.1　$B = 2$ 和 $A = 1$ 时系统 (6.1) 的周期振荡

(a) u 的时间历程；(b) v 的时间历程

图 6.2　$B = 10$ 和 $A = 1$ 时系统 (6.1) 的周期振荡

(a) u 的时间历程；(b) v 的时间历程；(c) 相图

因此，在 $B \gg A$ 的条件下，式 (6.1) 是两时间尺度耦合的系统，并且表现出快慢耦合的现象。目前，研究快慢现象产生机理的经典方法是快慢分析方法，使用该方法的必要条件是系统可以分离成快子系统和慢子系统。慢变量常看作是快子系统的分岔参数，快子系统的分岔行为决定了整个系统的快慢过程之间转换的机理。

然而，由于参数 B 同时存在于式 (6.1a) 和式 (6.1b) 中，所以对于系统 (6.1) 不能直接使用快慢分析方法处理。从图 6.2 中可以看出，状态变量 $u(t)$ 和 $v(t)$ 同时表现出了快过程与慢过程，$H1$ 到 $H2$ 的跳跃现象是 $u(t)$ 的快速增加和 $v(t)$ 的瞬间减小引起的。换句话说，由于此时整个系统中存在快变量和慢变量的耦合，所以不能直接使用经典的快慢分析方法来揭示该跳跃现象的产生机理。

6.2.2 坐标变换后的 Brusselator 模型及其快慢现象

根据上面的分析可知，当 $B \gg A$ 时，系统中将出快慢动力学现象。为了将整个系统分离出快子系统和慢子系统，在系统 (6.1) 中引入坐标变换。

令 $x = v$ 和 $y = u + v$，则式 (6.1) 变为

$$x' = B(y - x) - (y - x)^2 x \tag{6.2a}$$

$$y' = A - (y - x) \tag{6.2b}$$

由于上面的坐标变换是完全可逆的，所以变换后的 Brusselator 模型与原模型是拓扑等价的。

通过坐标变换，将参数 B 和 A 完全分离到不同的子系统中。当 $B \gg A$ 且 $B \gg 1$ 时，变量 x 和 y 分别表示快变量和慢变量。例如，当参数的取值与图 6.2 中相同时，系统 (6.2) 的相图和时间历程图如图 6.3 所示。可以发现变量 x 迅速地从 31.8 减小到 0.31，而在这个过程中变量 y 几乎没有发生变化，这说明快变量 x 存

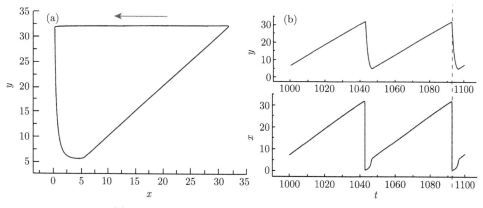

图 6.3 $B = 10$ 和 $A = 1$ 时系统 (6.2) 的周期振荡

(a) 相图；(b) 变量 x 与 y 的时间历程

在跳跃而慢变量不存在跳跃。因此，可以利用快慢分析方法来揭示系统 (6.2) 中快慢现象的产生机理。

下面分析在参数取值与系统(6.1)一致的条件下，系统(6.2)的快慢动力学行为。

6.2.3　坐标变换后Brusselator的快子系统稳定性及分岔分析

为了揭示快慢现象的产生机理，把变量 y 看作是快子系统的分岔参数来分析其分岔行为。

子系统 (6.2a) 的平衡点满足

$$B(y - x) - (y - x)^2 x = 0 \tag{6.3}$$

即

$$x = y, \quad x + \frac{B}{x} = y \tag{6.4}$$

图 6.4 画出了 $B = 10$ 时的两条平衡线，分别用 $L1$ 和 $L2$ 表示。通过计算系统的特征值可知，平衡线 $L1$ 是恒不稳定的；当 $0 < x < \sqrt{B}$ 时平衡线 $L2$ 是稳定的，$x > \sqrt{B}$ 时 $L2$ 是不稳定的。因此快子系统在 LP$(\sqrt{B}, 2\sqrt{B})$ 处发生 Fold 分岔。另外，$y > 2\sqrt{B}$ 时存在两个稳定的平衡点，$y < 2\sqrt{B}$ 时存在一个稳定的平衡点。

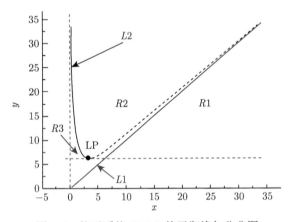

图 6.4　快子系统 (6.2a) 的平衡线与分岔图

现在讨论当 $y > 2\sqrt{B}$ 时快子系统 (6.2a) 的两个稳定吸引子的吸引域。首先分析解析解。令 $y - x = s$ 和 $\mathrm{d}s = -\mathrm{d}x$，式 (6.2a) 可以变形为

$$\int \frac{\mathrm{d}s}{Bs + s^2(s - y)}$$

$$= \int \left[\frac{1}{Bs} + \frac{\dfrac{1}{B}(-s + y)}{s^2 - sy + B} \right] \mathrm{d}s$$

$$=\frac{1}{B}\ln|s| - \frac{1}{2B}\int \frac{2s-y}{s^2-sy+B}\mathrm{d}s + \frac{y}{2B}\int \frac{1}{s^2-sy+B}\mathrm{d}s$$

$$=\frac{1}{B}\ln|s| - \frac{1}{2B}\ln|s^2-sy+B| + \frac{y}{2B\sqrt{y^2-4B}}\ln\left|\frac{2s-y-\sqrt{y^2-4B}}{2s-y+\sqrt{y^2-4B}}\right|$$

$$=\frac{1}{B}\ln|y-x| - \frac{1}{2B}\ln|x^2-xy+B| + \frac{y}{2B\sqrt{y^2-4B}}\ln\left|\frac{y-2x-\sqrt{y^2-4B}}{y-2x+\sqrt{y^2-4B}}\right|$$

$$=-t+C \tag{6.5}$$

其中 C 是积分常数。当 $y>2\sqrt{B}$ 时，子系统 (6.2a) 的两个稳定的吸引子分别是 $x=y$ 和 $x=\dfrac{y-\sqrt{y^2-4B}}{2}$。此时，在平面 xoy 内 $y>2\sqrt{B}$ 的区域可分成 $R1$、$R2$ 和 $R3$ 三部分，如图 6.4 所示，即

$$\begin{cases} R1: & x>\sqrt{B},\quad 2\sqrt{B}<y<x+\dfrac{B}{x} \\[2mm] R2: & y>x+\dfrac{B}{x} \\[2mm] R3: & 0<x<\sqrt{B},\quad 2\sqrt{B}<y<x+\dfrac{B}{x} \end{cases} \tag{6.6}$$

在区域 $R1$ 中有 $y-2x-\sqrt{y^2-4B}<\dfrac{B}{x}-x-\sqrt{y^2-4B}<0$。式 (6.2a) 的解析解是

$$\frac{1}{B}\ln|y-x| - \left(\frac{1}{2B} + \frac{y}{2B\sqrt{y^2-4B}}\right)\ln|x^2-xy+B|$$

$$+ \frac{y}{B\sqrt{y^2-4B}}\ln\left|\frac{y-2x-\sqrt{y^2-4B}}{2}\right| = -t+C \tag{6.7}$$

显然，在区域 $R1$ 中 $\left|\dfrac{y-2x-\sqrt{y^2-4B}}{2}\right|\neq 0$，当 $t\to+\infty$ 时 $x=y$，这说明从区域 $R1$ 出发的轨线将收敛到稳定的吸引子 $x=y$ 上。

在区域 $R2$ 中有 $y-2x+\sqrt{y^2-4B} > \dfrac{B}{x}-x+\sqrt{\left(x+\dfrac{B}{x}\right)^2-4B} \geqslant 0$。式 (6.2a) 的解析解为

$$\frac{1}{B}\ln(y-x) + \left(\frac{y}{2B\sqrt{y^2-4B}} - \frac{1}{2B}\right)\ln|x^2-xy+B|$$

$$+ \frac{y}{B\sqrt{y^2-4B}}\ln\left|\frac{2}{y-2x+\sqrt{y^2-4B}}\right| = -t+C \tag{6.8}$$

其中 $\dfrac{2}{y-2x+\sqrt{y^2-4B}}\neq 0$。当 $t\to+\infty$ 时，式 (6.8) 的左端趋于负无穷，即 $x=y$

或 $x^2 - xy + B = 0$。由于吸引子 $x = y$ 不存在于区域 $R2$ 中，所以从$R2$ 出发的轨线将会被吸引到区域 $R2$ 的左边界 $x = \dfrac{y - \sqrt{y^2 - 4B}}{2}$。

在区域 $R3$ 中有$y - 2x + \sqrt{y^2 - 4B} > \dfrac{B}{x} - x + \sqrt{y^2 - 4B} > 0$，子系统 (6.2a) 将会收敛到稳定的吸引子 $x = \dfrac{-y - \sqrt{y^2 - 4B}}{2}$，其分析过程与区域 $R2$ 的分析过程类似。

经过上面的分析得知，若 $y > 2\sqrt{B}$，则平衡点 $x = \dfrac{y - \sqrt{y^2 - 4B}}{2}$ 和 $x = y$ 的吸引域分别是$x < \dfrac{y + \sqrt{y^2 - 4B}}{2}$ 和 $x > \dfrac{y + \sqrt{y^2 - 4B}}{2}$。另外，当 $y < 2\sqrt{B}$ 时，子系统 (6.2a) 仅具有一个稳定的吸引子 $x = y$，并且该吸引子的吸引域是 $x \in \mathbf{R}^+$，其中 $\mathbf{R}^+$ 表示正实数集。

吸引域的数值模拟结果如图6.5 所示，其中不同吸引子的吸引域边界是曲线 $y = x + \dfrac{B}{x}(x > 0)$的右分支，即位于 $L2$ 上的不稳定平衡线。显然，数值模拟结果和上面理论分析结果是一致的。数值模拟采用的是 MATLAB 中可变阶次的数值积分算法 ODE15s，其中总的计算时间为 200s。在 xoy 面上，初始值和参数分别限定为 $x \in (0.2, 35)$ 和 $y \in (0.2, 35)$。x 和 y 均采取相同的步长 0.2。

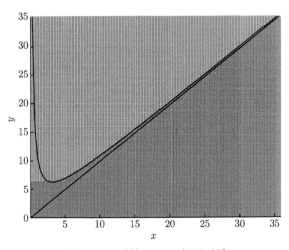

图 6.5　子系统 (6.2a) 的吸引域

6.2.4　快慢效应的产生机理

下面利用快慢分析方法揭示系统 (6.2) 中快慢现象的产生机理。将图 6.4 中的分岔图和图 6.3(a) 中的相图叠加后得到图 6.6。从点 E 出发的轨线沿着稳定流形 $L2$ 运动进入沉寂态。当轨线到达 Fold 分岔的边界点 LP 附近的点 F 时，稳定流

形 $L1$ 的吸引使得轨线运动到 G 点。此后，系统将沿 $L1$ 保持很长时间的沉寂态。在点 H 处，轨线将进入 $L2$ 上的稳定平衡点的吸引域中，因此轨线将迅速地跳跃到点 E，形成瞬时的激发态。上面的周期过程形成了系统的快慢效应。

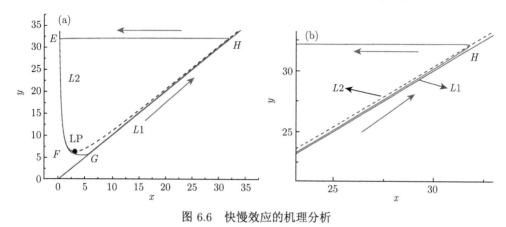

图 6.6 快慢效应的机理分析

(a) 相图和分岔图的叠加；(b) 在 H 点附近的局部放大。$L1$ 和 $L2$ 是平衡线，LP 是 Fold 分岔临界

点，E、F、G 和 H 分别是用来描述系统运动的特殊的点

很明显，在系统的不同吸引子之间存在着两次转换，但这两次转换的产生原因是不同的。很明显，从点 F 到点 G 的转换由 Fold 分岔引起。从点 H 到点 E 的转换则与 Fold 分岔无关，而是由吸引域的改变引起的。这是因为 G 与 H 之间的系统轨线位于 $L1$ 和 $L2$ 之间，$L1$ 和 $L2$ 之间的距离为

$$x + \frac{B}{x} - x = \frac{B}{x}$$

随着 x 的增加，它们之间的距离会越来越短，所以 $L1$ 的吸引域会变得越来越小。最终使得轨线穿过 $L2$ 不稳定的部分，而进入稳定流形的吸引域。因此吸引域的改变引起轨线从 H 到 E 的跳跃。

6.3 具有外激励的 Brusselator 振子的簇发现象

在实际工程应用中，反应过程经常受到各种外在周期因素的影响，在理论研究中常常将其近似为外部周期扰动。考虑这些外部扰动因素直接影响反应过程中抑制剂浓度的情形，动力学模型如下：

$$\begin{cases} \dot{x} = A - (B+1)x + x^2 y \\ \dot{y} = Bx - x^2 y + a \cos \omega t \end{cases} \tag{6.9}$$

其中 a 为外部周期扰动幅值，ω 为外部周期扰动频率。在此假设扰动频率 ω 远小于原系统的固有频率，因此系统 (6.9) 存在较大量级差异的两个时间尺度，这将导致该系统产生更为复杂的非线性行为。

6.3.1　Brusselator振子的分岔分析

令 $\theta = \omega t$，式 (6.9) 转化为自治系统

$$\begin{cases} \dot{x} = A - (B+1)x + x^2 y \\ \dot{y} = Bx - x^2 y + a\cos\theta \\ \dot{\theta} = \omega \end{cases} \tag{6.10}$$

由于周期扰动频率 ω 远小于原系统的固有频率，所以该反应是周期扰动所导致的快慢两个时间尺度耦合的系统，其中变量 x 与 y 为快子系统，θ 为慢子系统。基于快慢动力学分析法，慢过程对于系统具有调节行为，将慢变量作为快子系统的分岔参数。令 $w = a\cos\theta$ 为快子系统的慢变参数，则快子系统表示如下：

$$\begin{cases} \dot{x} = A - (B+1)x + x^2 y \\ \dot{y} = Bx - x^2 y + w \end{cases} \tag{6.11}$$

由

$$\begin{cases} A - (B+1)x + x^2 y = 0 \\ Bx - x^2 y + w = 0 \end{cases}$$

得到快子系统 (6.11) 的平衡点

$$E_0\left(A+w, \frac{AB + wB + w}{(A+w)^2}\right)$$

平衡点 E_0 处的特征方程为

$$\lambda^2 + \left[1 - B + (A+w)^2 - \frac{2w}{A+w}\right]\lambda + (A+w)^2 = 0$$

若 $1 - B + (A+w)^2 - \dfrac{2w}{A+w} > 0$，则平衡点 E_0 是稳定的。因此系统产生 Hopf 分岔的必要条件为 $1 - B + (A+w)^2 - \dfrac{2w}{A+w} = 0$。

选取参数 $A = 1.06$，$B = 3$，图 6.7 给出了快子系统 (6.11) 关于慢变参数 w 的分岔图，其中平衡线 E-G 有四种类型的平衡点，分别是位于 E-$H1$ 上的稳定焦点，$H1$-$H2$ 上的不稳定焦点，$H2$-F 上的稳定焦点，F-G 上的稳定结点。其中 $H1$ 与 $H2$ 为 Hopf 分岔临界点，参数值为 $w_{H1} = 0.5871$，$w_{H2} = -0.48165$，当 $-0.48165 < w < 0.5871$ 时，快子系统存在稳定的极限环。例如，图 6.8(a) 与 (b) 分别给出了 $w = 0$ 时快子系统存在的极限环及时间历程。

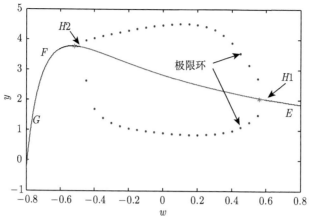

图 6.7 快子系统的平衡点关于慢参数 w 的分岔图

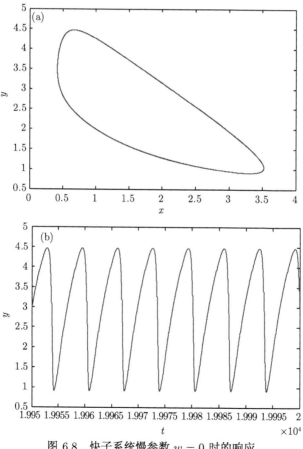

图 6.8 快子系统慢参数 $w = 0$ 时的响应

(a) 相图; (b) 时间历程

6.3.2　双-Hopf 簇发及其分岔机制

选取外部周期扰动频率 $\omega=0.01$，外部周期扰动幅值 $a=0.7$，系统 (6.9) 存在典型的簇发振荡行为，其二维相图和时间历程如图 6.9 所示。在每个周期振荡过程中，存在两次激发态振荡与两次沉寂态。其中整个周期振荡频率恰恰是外部周期扰动频率 0.01，激发态的振荡频率约为 0.94，与快子系统中极限环的振荡频率基本一致。

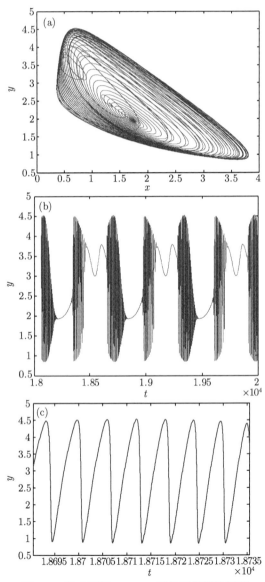

图 6.9　扰动幅值 $a=0.7$ 时的周期簇发振荡

(a) 二维相图；(b) 时间历程；(c) 激发态时间历程局部放大图

为了进一步解释簇发振荡的分岔机制，图 6.10(a) 给出了关于变量 y 与慢过程 $w = 0.7\cos 0.01t$ 的转换相图，将其与快子系统的分岔图叠加得到图 6.10(b)。下面根据图 6.10(b) 详细描述整个周期簇发振荡的演变过程。假设相轨迹从 C 点出发，此时快子系统存在稳定的大幅极限环导致系统呈现大幅振荡而处于激发态，经过 Hopf 分岔点 $H1$ 后，快子系统的稳定极限环消失，此时只有稳定的平衡点吸引子，使得整个系统的大幅振荡逐渐收敛到稳定平衡线，即激发态逐渐演变为沉寂态。当轨线到达 M 点时，慢变过程 $w = 0.7\cos 0.01t$ 达到最大值，轨线将按照 w 减小的方向运动，系统依然保持沉寂态。经过分岔点 $H1$ 后，由于受到稳定极限环的吸引，逐渐产生微幅振荡，在 $D1$ 点处，系统又进入了激发态。这种激发态一直延续到 Hopf 分岔点 $H2$。之后，系统振荡幅度越来越小。当快子系统的稳定极限环变为稳定平衡点时，系统又进入沉寂态。当 w 达到最小值，即轨线达到 N 点时，系统又按照 w 增加的方向运动，再次经过分岔点 $H2$，逐渐受到稳定极限环的吸引，在 $D1$ 点后，系统产生大幅振荡，从而又进入激发态。由于整个周期过程中，涉及了快子系统的两次 Hopf 分岔，所以称之为双-Hopf 周期簇发。

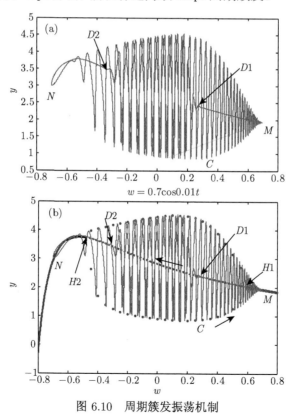

图 6.10 周期簇发振荡机制

(a) 在 woy 平面上的转换相图; (b) 转换相图与分岔图的叠加

在这里需要指出的是，虽然整个周期振荡涉及快子系统两个 Hopf 分岔点，却经历了四次分岔过程。在每个分岔点附近，都存在着由激发态到沉寂态，又从沉寂态到激发态的两次转迁。正是这四次分岔行为，才使得双-Hopf 周期簇发中存在两次激发态和两次沉寂态。另外，当激发态和沉寂态相互转迁时，由于惯性等因素的影响，系统存在不同程度的滞后行为，比如当参数 w 逐渐减小，经过分岔点 $H1$ 后，系统并没有立即产生大幅振荡，而是经过一段时间，到达 $D1$ 点后，才逐渐产生大幅振荡进入激发态。同样，当参数 w 逐渐增大，经过分岔点 $H2$ 时，也产生了 Hopf 分岔滞后。

6.3.3　周期外扰幅值对簇发振荡的影响

在快子系统的分岔图 6.7 中，两个 Hopf 分岔点 $H1$ 和 $H2$ 的参数值分别为 $w_{H1} = 0.5871$ 和 $w_{H2} = -0.48165$。这说明，当 $w_{H2} < w < w_{H1}$ 时，快子系统存在稳定的极限环吸引子；当 $w < w_{H2}$ 或 $w > w_{H1}$ 时，系统存在稳定焦点吸引子。由此可见，外部周期扰动幅值的变化将会使系统涉及快子系统的吸引子类型或个数发生变化。

当扰动幅值 $a > 0.5871$ 时，将使 w 的变化范围为 $[-0.48165, 0.5871]$，导致整个系统的轨线涉及三种吸引子，即位于中间的稳定极限环和两边的稳定焦点吸引子，中间与左右两端的吸引子双稳性导致系统轨线在激发态与沉寂态之间相互转迁，因此出现了两种激发态和两种沉寂态的双-Hopf 簇发。

如果扰动幅值 $0.48165 < a < 0.5871$，则整个系统轨线只涉及快子系统的两种吸引子，即左侧的稳定焦点吸引子和中间的极限环吸引子，此时，系统只存在单侧双稳性，即右侧双稳性消失，因此双-Hopf 簇发将会消失。图 6.11(a) 给出了扰动幅值 $a = 0.55$ 时系统的时间历程，与图 6.9(b) 相比可以发现，右侧双稳性的消失导

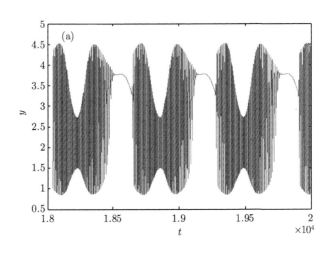

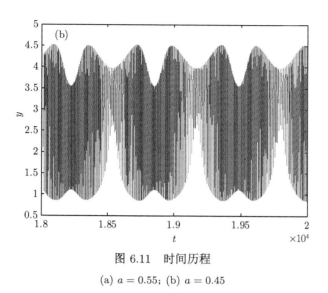

图 6.11 时间历程

(a) $a = 0.55$; (b) $a = 0.45$

致右侧沉寂态消失，从而将两种激发态连接在一起成为一种激发态，由于整个轨线只涉及了左侧 Hopf 分岔，所以该簇发为单-Hopf 簇发。

如果扰动幅值 $a < 0.48165$，此时系统轨线只涉及稳定极限环吸引子，双稳性演变为单稳性，沉寂态消失，系统将始终处于大幅振荡的激发态，如图 6.11(b) 给出了扰动幅值 $a = 0.45$ 时系统的时间历程。

由此可见，在快慢耦合的系统中，如果周期扰动因素为慢变过程，则扰动幅值的大小可以调节系统的振荡模式，其机理是涉及系统吸引子的种类发生了改变。

6.4 本章结论

Brusselator 振子是一典型的催化反应，其反应过程中极易涉及不同的时间尺度。在某些参数条件下，系统中出现了典型的沉寂态与激发态耦合的快慢效应。由于原 Brusselator 系统不能直接利用快慢分析法，所以通过引入坐标变换得到了与之拓扑等价的 Brusselator 模型，经坐标变化后的模型可以分离为快慢子系统。利用快慢分析方法解释了沉寂态与激发态之间的转换机理。发现轨线沿平衡线的运动形成了沉寂态，而跳跃行为形成了激发态。Fold 分岔及吸引域的改变导致了沉寂态与激发态之间的转换行为。对于快子系统的分岔行为和吸引域的理论分析结果与数值模拟结果是一致的。本章提出的坐标变换方法对于研究类似的多尺度系统的动力学行为具有重要的意义。

当 Brusselator 系统受到外部周期扰动，且扰动频率远小于系统的固有频率时，系统涉及两个不同的时间尺度，表现出明显的快慢效应。在一定的参数条件下，系统存在双-Hopf 周期簇发现象，随着外部周期扰动幅值的减小，双-Hopf 簇发演变为单-Hopf 簇发，进一步簇发现象会彻底消失。这是由于当周期扰动幅值较大时，系统涉及快子系统两个 Hopf 分岔点及三种类型的吸引子，两侧双稳性导致了四次沉寂态和激发态之间的转迁，即双-Hopf 簇发；当幅值减小时，系统涉及一个 Hopf 分岔点及两类吸引子，单侧双稳性产生了两次沉寂态和激发态之间的转迁，即单-Hopf 簇发；当幅值继续减小时，系统不再涉及 Hopf 分岔点，且仅涉及一种稳定极限环吸引子，单稳性会使系统一直处于激发态，沉寂态消失，但是整个周期振荡仍然是两个频率的耦合。

参 考 文 献

[1] Prigogine I, Lefever R. Symmetry breaking instabilities in dissipative systems. II. Journal of Chemical Physics, 1968, 48(4): 1695-1700

[2] Li B, Wang M X. Diffusion-driven instability and Hopf bifurcation in Brusselator system. Applied Mathematics & Mechanics, 2008, 29(6): 825-832

[3] Yu P, Gumel A B. Bifurcation and stability analyses for a coupled Brusselator model. Journal of Sound and Vibration, 2001, 244(5): 795-820

[4] Zuo W, Wei J. Multiple bifurcations and spatiotemporal patterns for a coupled two-cell Brusselator model. Dynamics of Partial Differential Equations, 2011, 8(4): 363-384

[5] Ananthaswamy V, Jeyabarathi P. Application of the homotopy perturbation method in steady state Brusselator model. Advances in Chemical Science, 2014, 3(3): 31-39

[6] Siraj-ul-Islam, Ali A, Haq S. A computational modeling of the behavior of the two-dimensional reaction-diffusion Brusselator system. Applied Mathematical Modelling, 2010, 34(12): 3896-3909

[7] Mittal R C, Jiwari R. Numerical study of two-dimensional reaction-diffusion Brusselator system by differential quadrature method. International Journal for Computational Methods in Engineering Science and Mechanics, 2011, 12(1): 14-25

[8] Bashkirtseva I A, Ryashko L B. Sensitivity analysis of the stochastically and periodically forced Brusselator. Physica A: Statistical Mechanics and its Applications, 2000, 278(1): 126-139

[9] Guruparan S, Nayagam B R D, Ravichandran V, et al. Hysteresis, vibrational resonance and chaos in Brusselator chemical system under the excitation of amplitude modulated force. Chemical Science Review and Letters, 2015, 4(15): 870-879

[10] Vaidyanathan S. Dynamics and control of Brusselator chemical reaction. International Journal of Chemtech Research, 2015, 8(6): 740-749

[11] Li X H, Bi Q S. Single-Hopf bursting in periodic perturbed Belousov-Zhabotinsky reaction with two time scales. Chinese Physics Letters, 2013, 30(1): 10503

[12] 李向红, 毕勤胜. 铂族金属氧化过程中的簇发振荡及其诱导机理, 物理学报, 2012, 61(2): 88-96

[13] Cantini L, Cianci C, Fanelli D, et al. Stochastic amplification of spatial modes in a system with one diffusing species. Journal of Mathematical Biology, 2014, 69(6/7): 1-24

[14] Tommaso B, Duccio F, Francesca D P. Stochastic turing patterns in the Brusselator model. Physical Review E, 2010, 81(4): 387-395

[15] Cantini L, Cianci C, Fanelli D, et al. Linear noise approximation for stochastic oscillations of intracellular calcium. Journal of Theoretical Biology, 2013, 349(12): 92-99

[16] Cianci C, Carletti T. Stochastic patterns in a 1D Rock-Paper-Scissors model with mutation. Physica A: Statistical Mechanics & Its Applications, 2014, 410(12): 66-78

[17] Rozada I, Ruuth S J, Ward M J. The stability of localized spot patterns for the Brusselator on the sphere. SIAM Journal on Applied Dynamical Systems, 2014, 13(13): 564-627

[18] Hou J Y, Li X H, Chen J F. Stability and slow-fast oscillation in fractional-order Belousov-Zhabotinsky reaction with two time scales. Journal of Vibroengineering, 2016, 18(7): 2186-2242

[19] Li X H, Hou J Y, Shen Y J. Slow-fast effect and generation mechanism of brusselator based on coordinate transformation. Open Physics, 2016, 14(1): 261-268

第 7 章　参激系统的分析方法及多尺度效应

7.1　引　　言

1868 年，Mathieu 在确定拉伸膜的振动模式时引入了著名的 Mathieu 振子 [1]。由于它可以模拟时变刚度，所以广泛用于许多工程结构建模，例如，具有移动支撑的摆锤和轴向周期力激励下直杆的横向振动。在 Mathieu 振子的基础上增加不同的非线性因子，可以描述更复杂的工程对象。因此关于 Mathieu 方程的研究受到了科学界广泛关注。

Ng 和 Rand[2] 将平均法和摄动法进行组合，从而研究 Mathieu 振子和三次非线性耦合的系统，该系统可以描述许多典型的工程对象，如弦、膜、动力吸振器等。Mahmoud 等 [3] 采用广义平均法的修正形式给出非线性 Mathieu 振子周期响应的精确解析解的表达式。Belhaq 等 [4] 研究了含三次非线性的 Mathieu 方程的拟周期解。张伟和姚明辉等 [5,6] 通过近似解析方法和数值模拟研究了梁和叶片随时变参数变化的振动模式，发现了一些典型的现象。丁虎和陈立群等 [7,8] 研究了移动载荷作用下的梁和弦线，使用 Galerkin 法和 Runge-Kutta 法分析了这一类参激系统的复杂动力学响应，并得到了收敛性和固有频率的一些重要结果。Choudhury 和 Guha[9] 研究了 Mathieu 方程的首次积分。Ziener 等 [10] 研究了 Mathieu 方程分岔点附近特征方程的纯虚根及其傅里叶系数。Rand 等 [11] 推导出了分数阶 Mathieu 方程中将稳定区域与不稳定区域分离的过渡曲线的表达式。李向红等 [12] 研究了 Mathieu 方程的高精度求解问题。温少芳等 [13,14] 研究了分数阶 Mathieu 方程周期解的形式和稳定性边界条件。

分段线性或者分段非线性是许多机械系统中很常见的非线性特征，如齿轮、滑动或滚动轴承、弹簧、轴等，或一些振动半主动控制系统的控制方式 [15]。这些典型的分段系统中，可能蕴含复杂的动力学行为，包括分岔、混沌、突变、分形等，这些行为可能会导致机械系统精度的降低或工作性能的恶化。为了减少这些非线性行为对动力学性能的影响，应详细分析其动力学响应，其中分段的参激系统更是受到了广泛重视，例如，Kahraman 和 Singh[16,17] 应用谐波平衡法研究了一个分段线性的齿轮模型，建立了不同类型周期运动的存在条件，然后将该方法推广到一个三自由度的齿轮轴承系统中，得到了一些有意义的结果。基于多尺度法结合分段技术，Natsiavas 和 Theodossiades[18,19] 建立了两种分段 Mathieu 方程振动稳定性的必要条件和二阶近似周期解形式，并且通过数值方法研究了这些系统中的混沌运动。申永军和杨绍普等 [20,21] 建立了直齿轮的分段 Mathieu 振子模型，应用增量谐波平衡法求得了高精度周期解的一般形式，并提出了一些方法来控制该模型中的复杂振动形式。Sato 和 Yamamoto[22] 通过构造合适的 Poincaré 截面，数值研究了分段 Mathieu 方程从周期运动通往混沌运动的几条典型途径，为设计和控制这一类系统的动力学行为提供了参考。李向红等 [23] 研究了分段 Mathieu 方程中可能存在的簇发振动模式及其产生机理。

7.2 节提出一种基于参数变易思想的 Mathieu 方程的高精度求解方法，通过和一阶与高阶谐波平衡法所得结果进行比较，证明了本章方法的正确性和准确性；7.3 节研究一个分段 Mathieu 方程中存在的复杂簇发振动模式，揭示了其中不同类型簇发模式的产生机理。

7.2　基于参数变易的 Mathieu 振子的解析方法

周期性强迫激励下的 Mathieu 振子如下：

$$x'' + 2\varepsilon x' + (1 + 2b\cos\omega t)x = f_0 + a\cos\omega_1 t \tag{7.1}$$

其中 2ε 是阻尼比，$2b$ 是频率为 ω 的参数激励的系数，f_0 是常值激励，a 和 ω_1 分别为周期强迫激励的幅值和频率。如果 $\omega = 0$，式 (7.1) 可以写作

$$x'' + 2\varepsilon x' + (1 + 2b)x = f_0 + a\cos\omega_1 t \tag{7.2}$$

显然，式 (7.2) 是一个线性时不变微分方程，其稳态解可以写成

$$x(t) = \frac{f_0}{1+2b} + \frac{a}{\sqrt{(1+2b-\omega_1^2)^2 + 4\varepsilon^2\omega_1^2}}\left[\frac{1+2b-\omega_1^2}{\sqrt{(1+2b-\omega_1^2)^2 + 4\varepsilon^2\omega_1^2}}\cos\omega_1 t \right.$$
$$\left. + \frac{2\varepsilon\omega_1}{\sqrt{(1+2b-\omega_1^2)^2 + 4\varepsilon^2\omega_1^2}}\sin\omega_1 t\right] \tag{7.3}$$

7.2.1　本章方法的近似解析解

为了简单起见，可以假设

$$x_0 = \frac{f_0}{1+2b}, \quad A = \frac{a}{\sqrt{(1+2b-\omega_1^2)^2 + 4\varepsilon^2\omega_1^2}}$$

$$\sin\theta_0 = \frac{1+2b-\omega_1^2}{\sqrt{(1+2b-\omega_1^2)^2 + 4\varepsilon^2\omega_1^2}}, \quad \cos\theta_0 = \frac{2\varepsilon\omega_1}{\sqrt{(1+2b-\omega_1^2)^2 + 4\varepsilon^2\omega_1^2}}$$

则式 (7.2) 的稳态响应可以表示为

$$x(t) = x_0 + A\sin(\omega_1 t + \theta_0) \tag{7.4}$$

可以很容易地观察到式 (7.1) 和式 (7.2) 之间的差异, 即式 (7.1) 中的周期参数扰动 $2b\cos\omega t$ 用常值参数扰动 $2b$ 代替即可得到式 (7.2)。基于参数变易思想和前述稳态响应, 式 (7.1) 的近似解析解可以表示为

$$x_1(t) = x_0(t) + A(t)\sin(\omega_1 t + \theta_0) \tag{7.5}$$

其中

$$x_0(t) = \frac{f_0}{1 + 2b\cos\omega t}$$

$$A(t) = \frac{a}{\sqrt{(1 + 2b\cos\omega t - \omega_1^2)^2 + 4\varepsilon^2\omega_1^2}}$$

这里忽略了参数激励对相位的影响。从上面的叙述中, 可以发现本章方法非常简单。下面, 把该方法求得的解析解和利用经典非线性近似解析方法 (HBM 法) 得到的解析解进行比较。

7.2.2　HBM 的近似解析解

基于 HBM, 式 (7.1) 的一阶近似解析解可以写为

$$\begin{aligned}
x_2(t) &= A_0 + B_1\cos\omega_1 t + B_2\sin\omega_1 t + C_1\cos\omega t + C_2\sin\omega t \\
x_2'(t) &= -\omega_1 B_1\sin\omega_1 t + \omega_1 B_2\cos\omega_1 t - \omega C_1\sin\omega t + \omega C_2\cos\omega t
\end{aligned} \tag{7.6}$$

将式 (7.6) 代入式 (7.1), 可以得到所有系数的显式形式

$$A_0 = f_0 - \frac{2b^2 f_0(-1 + \omega^2)}{1 - 2b^2 - 2\omega^2 + 2b^2\omega^2 + 4\varepsilon^2\omega^2 + \omega^4}$$

$$B_1 = \frac{-a(-1 + \omega^2)}{1 - 2\omega_1^2 + 4\varepsilon^2\omega_1^2 + \omega_1^4}$$

$$B_2 = \frac{2a\varepsilon\omega_1}{1 - 2\omega_1^2 + 4\varepsilon^2\omega_1^2 + \omega_1^4}$$

$$C_1 = \frac{2b f_0(-1 + \omega^2)}{1 - 2b^2 - 2\omega^2 + 2b^2\omega^2 + 4\varepsilon^2\omega^2 + \omega^4}$$

$$C_2 = \frac{-4b\varepsilon f_0\omega}{1 - 2b^2 - 2\omega^2 + 2b^2\omega^2 + 4\varepsilon^2\omega^2 + \omega^4}$$

为了提高精度, 同时给出九阶近似解析解

$$x_3(t) = A_{00} + \sum_{i=1}^{9} B_{1i}\cos i\omega_1 t + \sum_{i=1}^{9} B_{2i}\sin i\omega_1 t + \sum_{i=1}^{9} C_{1i}\cos i\omega t + \sum_{i=1}^{9} C_{2i}\sin i\omega t \tag{7.7}$$

将式 (7.7) 代入式 (7.1)，并且将最低的 10 阶谐波中的每一个系数置为零，可以得到具有 37 个未知量的代数方程组，即 A_{00}，B_{1i}，B_{2i}，C_{1i} 和 $C_{2i}(i = 1, 2, \cdots, 9)$。由于其形式较为复杂，这里没有给出 37 个系数的显式表达形式，7.2.3 节将给出其数值结果。

7.2.3 本章方法和 HBM 法的比较

为了检验本章方法的性能，将三种近似解析解 (即式 (7.5)∼ 式 (7.7)) 与式 (7.1) 的数值解进行对比。比较过程中，只有一个参数变化，所有其他的系统参数是固定的，这样可以很容易地观察到每个系统参数对本章方法求解精度的影响。为了便于区分，将本章方法、HBM 的一阶近似解和九阶近似解分别称为方法 A、方法 B 和方法 C。另外，以下各图中子图中的序号 (1)、(2)、(3) 和 (4) 分别表示数值解和方法 A、方法 B、方法 C 得到的解析解。这里三种解析解和数值解之间的差异用方差来表征。此外，选取一些典型的时间历程和相轨迹来进一步说明三种解析方法的差异。

1. 参数 a 的影响

固定其他参数 $f_0 = 1.5$，$b = 0.1$，$\varepsilon = 0.1$，$\omega_1 = 0.01$ 和 $\omega = 0.2$，研究周期性强迫激励振幅 a 对计算精度的影响，首先得到了三个解析解和数值解之间差异的方差，如图 7.1 所示。在图 7.1 中，DX(2)、DX(3) 和 DX(4) 分别代表方法 A、B、C 的近似解析解与数值仿真结果的差别。可以发现，当 $a < 0.12$ 时，DX(3) 小于 DX(2) 和 DX(4)，这意味着在 a 很小的情况下，方法 B 的解析解比其他两个解析解更精确。当 $a > 0.12$ 时，DX(2) 比 DX(3) 和 DX(4) 小得多，这说明方法 A 比基于 HBM 的一阶和九阶近似解析解更精确。此外，由于 DX(2) 的误差总是小于 10^{-3}，方法 A 的优点随着 a 的增加更加明显。

图 7.2∼ 图 7.4 详细地比较了不同方法得到的时域响应，其中周期性强迫激励的振幅分别选择为 $a = 0.08$ (图 7.2)、$a = 2$ (图 7.3)、$a = 5$ (图 7.4)。在三个图中，子图 (a) 是时间历程，子图 (b) 是四个时间历程的局部比较，子图 (c) 和 (d) 是图 (b) 中最大值和最小值的局部放大，子图 (e) 是相图。此外，序列号 (1)、(2)、(3) 和 (4) 表示通过数值解、方法 A、方法 B 和方法 C 得到的相图。在子图 (b)∼(d) 中，b1、b2、b3 和 b4 分别对应数值解、方法 A、方法 B 和方法 C 的结果。可以发现在强迫激励振幅很小的情况，三种解析方法的误差都很小，都能得到令人满意的结果。随着强迫激励振幅的增加，可以发现方法 B 和方法 C 的误差将变得较大，这种误差不仅存在于时间历程中，而且也存在于相图中。随着周期激励振幅的继续增加，在数值解中许多精细部分不能通过方法 B 和方法 C 得到，然而方法 A 总是能得到令人满意的解，甚至数值解中的精细部分也可以用方法 A 来揭示。在

相图中可以清楚地看到三种解析方法和数值解之间的差异, 这验证了方法 A 的高精度。

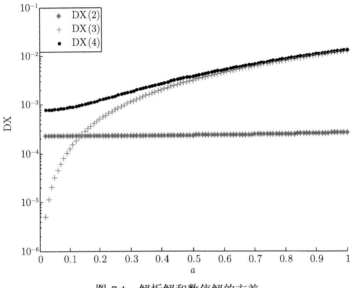

图 7.1   解析解和数值解的方差

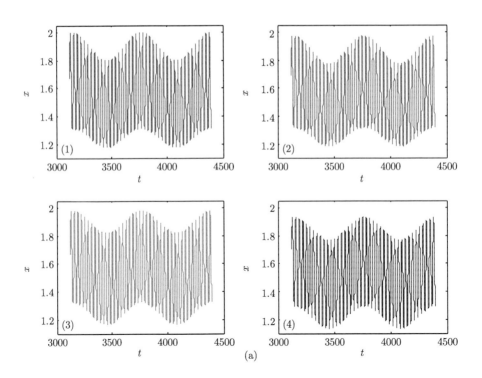

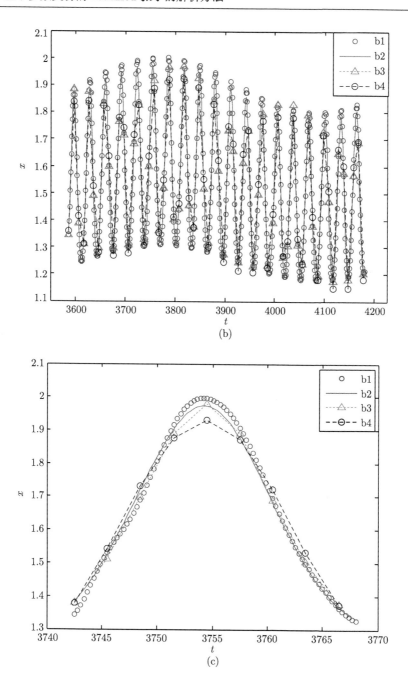

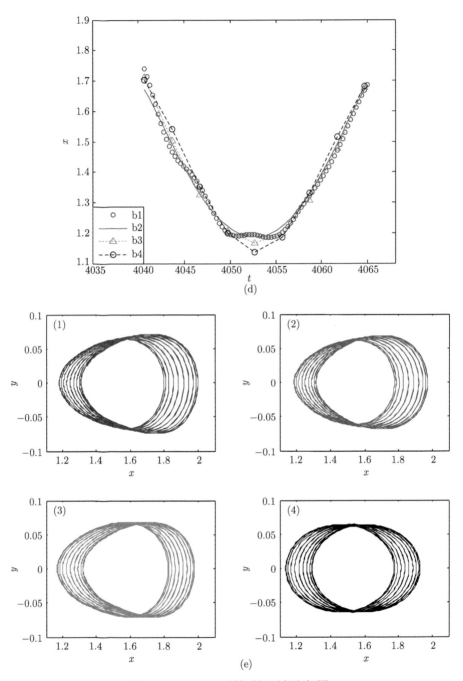

图 7.2　$a = 0.08$ 时的时间历程和相图

(a) 时间历程；(b) 四个时间历程的组合；(c) 时间历程的局部放大 (最大值附近)；(d) 时间历程的局部放大
(最小值附近)；(e) 相图

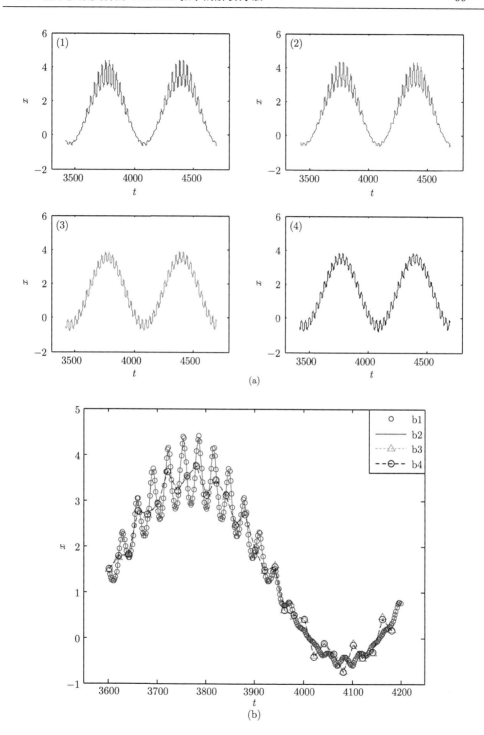

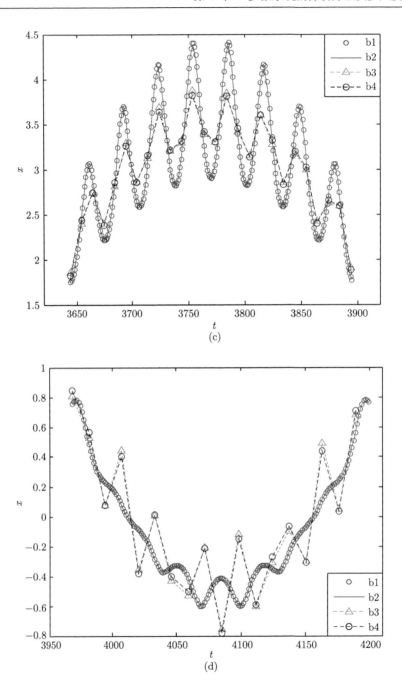

(c)

(d)

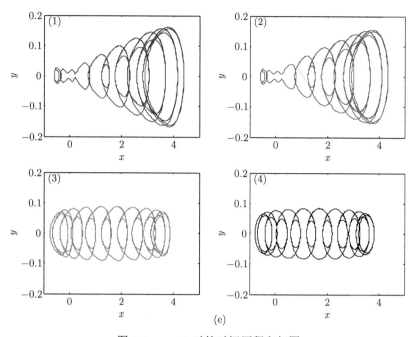

图 7.3 $a = 2$ 时的时间历程和相图

(a) 时间历程；(b) 四个时间历程的组合；(c) 时间历程的局部放大 (最大值附近)；(d) 时间历程的局部放大 (最小值附近)；(e) 相图

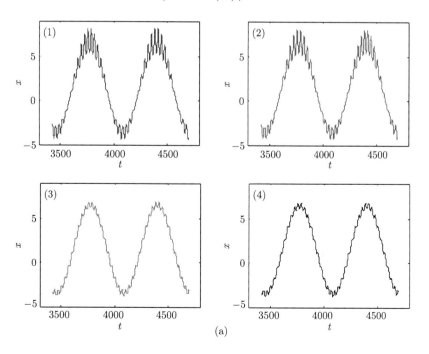

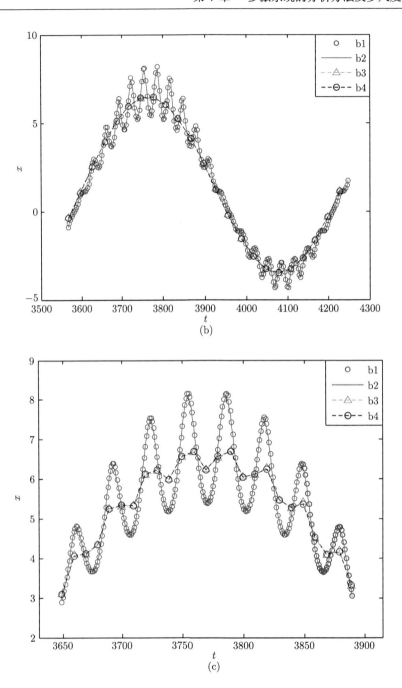

(b)

(c)

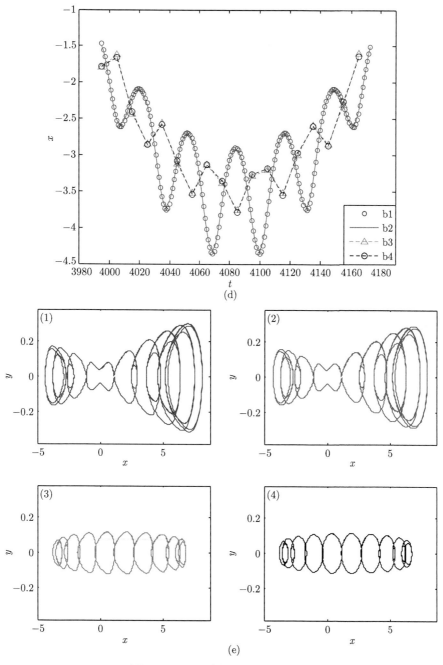

图 7.4 $a = 5$ 时的时间历程和相图

(a) 时间历程；(b) 四个时间历程的组合；(c) 时间历程的局部放大 (最大值附近)；(d) 时间历程的局部放大 (最小值附近)；(e) 相图

2. 参数 b 的影响

选取和上一部分相同的基本系统参数，周期强迫激励振幅固定为 $a = 2$，考虑参数 b 的变化，可以得到如图 7.5 所示的方差 DX(2)、DX(3) 和 DX(4)。另外，当 $b = 0.3$、0.2 和 0.03 时的典型系统响应如图 7.6～ 图 7.8 所示，其中的子图 (a) 表示时间历程，子图 (b) 表示相图。子图 (a) 和 (b) 中的序号 (1)、(2)、(3) 和 (4) 与上一部分相似，分别对应着用数值解、方法 A、方法 B 和方法 C 得到的结果。

从图 7.5 可以发现，随着参数 b 的增加，三种方法的计算误差将变大，但是方法 A 的误差总是小于其他两种解析结果的误差。另外，参数 b 增加时系统时间响应关于平衡点的不对称性越发明显，但是方法 A 的结果和数值解结果吻合程度更高。方法 B 和方法 C 之间的差异不明显，意味着这两种方法的计算精度对参数 b 的变化不敏感。

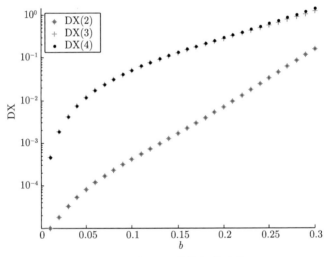

图 7.5　解析解和数值解的比较

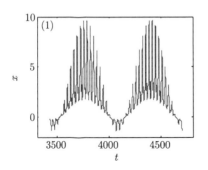
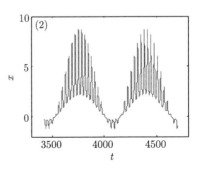

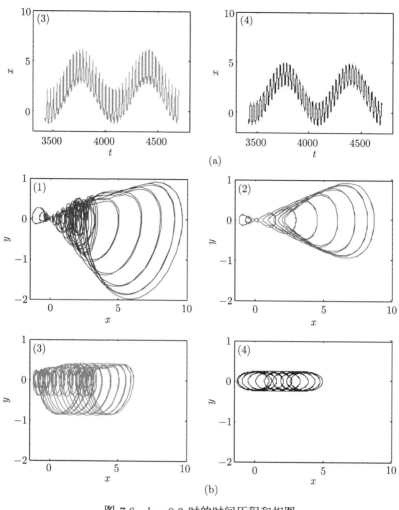

图 7.6 $b = 0.3$ 时的时间历程和相图

(a) 时间历程; (b) 相图

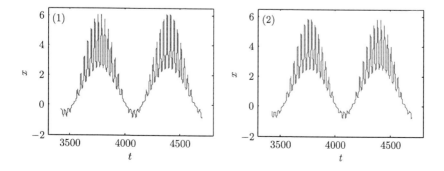

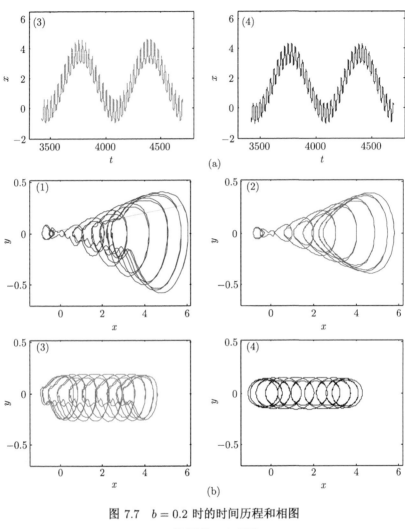

图 7.7　$b = 0.2$ 时的时间历程和相图

(a) 时间历程；(b) 相图

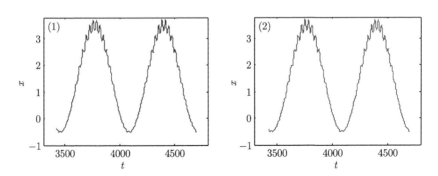

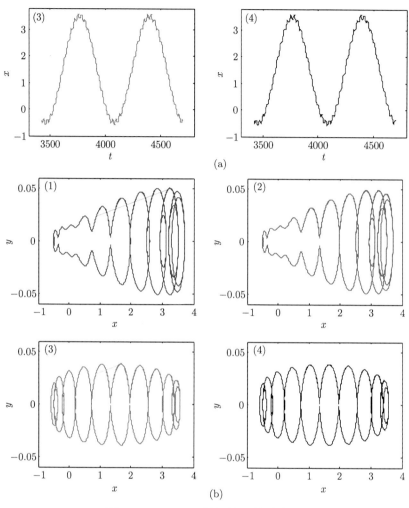

图 7.8　$b = 0.03$ 时的时间历程和相图

(a) 时间历程；(b) 相图

3. 参数 ε 的影响

考虑参数 ε 的变化，其他参数与上一部分相同，而参数激励的系数选择为 $b = 0.1$，这样可以得到图 7.9 所示的方差 DX(2)、DX(3) 和 DX(4)，图 7.10 和图 7.11 分别表示在 $\varepsilon = 0.02$ 和 $\varepsilon = 1$ 时的两个典型响应。

如图 7.9 所示，可以发现方法 A 的误差总是小于其他两种解析结果的误差，尽管参数 ε 变得足够大时，方法 A 的计算误差将逐渐变大，但方法 B 和方法 C 的误差可能变小。此外，数值解具有两个典型特征：一是图 7.10(a) 和图 7.11(a) 中的

子图 (1) 所示的关于时间响应平衡点的不对称性; 二是随着 x 的增大 y 的变化范围会变大, 即相图的不对称性, 这可以在图 7.10(b) 和图 7.11(b) 的子图 (1) 中观察到。显然, 这些典型特征可以在方法 A 的结果中看到, 而方法 B 和方法 C 却明显地不能揭示这些典型特征。

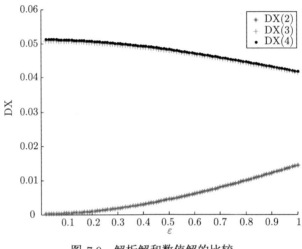

图 7.9　解析解和数值解的比较

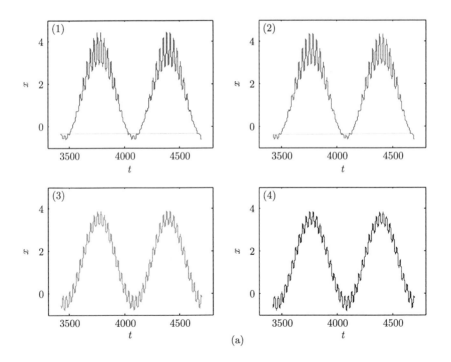

(a)

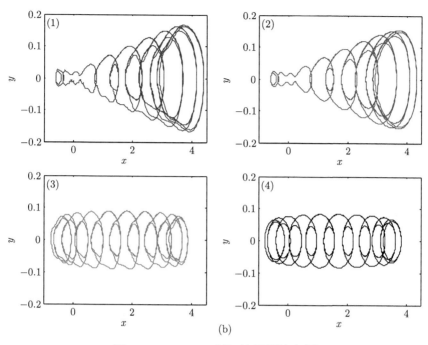

(b)

图 7.10 $\varepsilon = 0.02$ 时的时间历程和相图

(a) 时间历程; (b) 相图

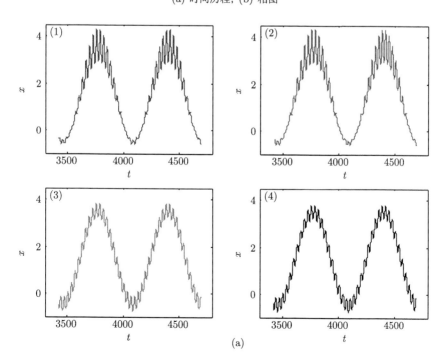

(a)

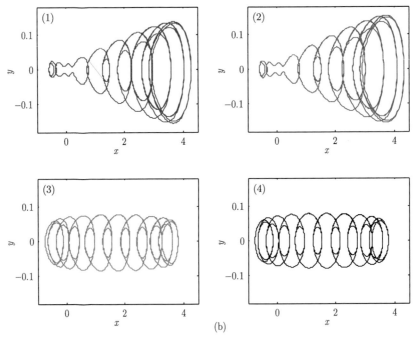

图 7.11 $\varepsilon = 1$ 时的时间历程和相图

(a) 时间历程；(b) 相图

因此，可以认为方法 A 更精确，其结果与数值解更接近。此外，随着 ε 的变化，四个结果的变化均不明显，这意味着三个解析解对参数 ε 的变化不敏感。

4. 参数 f_0 的影响

选取与上一部分相同的参数，并且固定 ε 为 0.1，f_0 从 0 变化到 10，得到如图 7.12 所示的方差 DX(2)、DX(3) 和 DX(4)。$f_0 = 0$、2 和 5 时的典型响应如图 7.13~图 7.15 所示，其中子图 (a) 中绘制了时间历程，子图 (b) 表示相图。

由图 7.12 可见，方法 A 的计算误差总是小于方法 B 和方法 C 的误差。随着 f_0 的增加，方法 A 的计算误差将逐渐增大，方法 C 的误差增加更迅速。三种解析解之间的差异在时域响应上更明显。

当 $f_0 = 0$ 时，图 7.13(a) 和 (b) 中子图 (1) 的数值解反映出此时系统可能具有两种频率分量的复杂周期性运动，其特征是大幅周期振荡与多反复小幅振荡耦合。但是方法 B 和方法 C 的解析解却是仅具有一个频率的简单周期运动。因此方法 A 的结果与数值解非常相似，并且可以通过图 7.13(a) 和 (b) 中的子图 (2) 来验证。

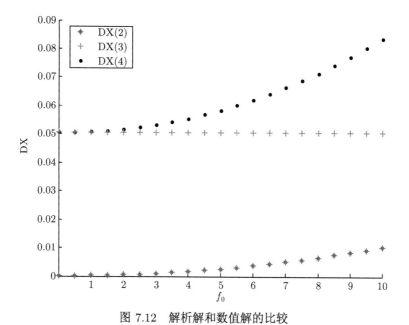

图 7.12 解析解和数值解的比较

(a)

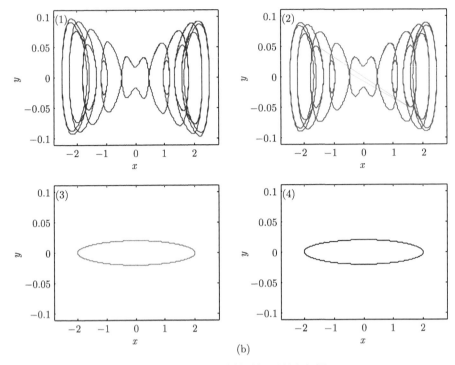

图 7.13 $f_0 = 0$ 时的时间历程和相图

(a) 时间历程；(b) 相图

另一方面，通过式 (7.5)～式 (7.7) 所给出的三种解析解可以给出进一步的解释。当 $f_0 = 0$ 时，式 (7.5) 变成

$$x_1(t) = \frac{a}{\sqrt{(1 + 2b\cos\omega t - \omega_1^2)^2 + 4\varepsilon^2\omega_1^2}} \sin(\omega_1 t + \theta_0)$$

显然其中包括频率 ω 和 ω_1 的成分。同样条件下，由于系数

$$C_1 = \frac{2bf_0(-1 + \omega^2)}{1 - 2b^2 - 2\omega^2 + 2b^2\omega^2 + 4\varepsilon^2\omega^2 + \omega^4}$$

$$C_2 = \frac{-4b\varepsilon f_0\omega}{1 - 2b^2 - 2\omega^2 + 2b^2\omega^2 + 4\varepsilon^2\omega^2 + \omega^4}$$

在 $f_0 = 0$ 处等于零，因此式 (7.6) 可以变成

$$x_2(t) = A_0 + B_1\cos\omega_1 t + B_2\sin\omega_1 t$$

类似地，式 (7.7) 中的系数 C_{1i} 和 C_{2i} 在 $f_0 = 0$ 时也将为零。

当 $f_0 > 0$ 时，方法 B 和方法 C 也包含两种频率分量，这可以从式 (7.6) 和式 (7.7) 以及图 7.14 和图 7.15 中的子图看出来。然而，这些解析方法之间的差异从相

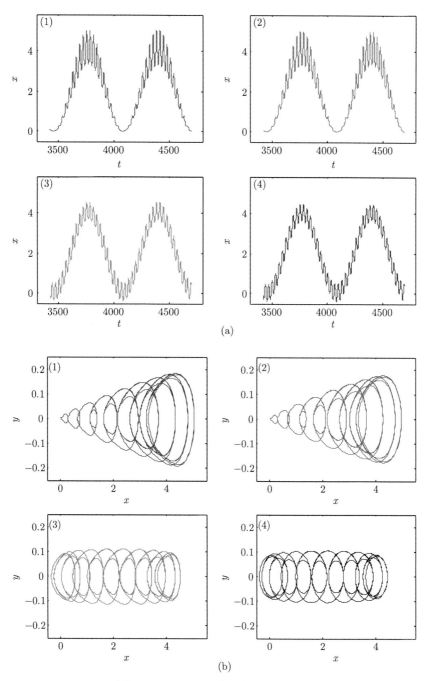

图 7.14 $f_0 = 2$ 时的时间历程和相图

(a) 时间历程; (b) 相图

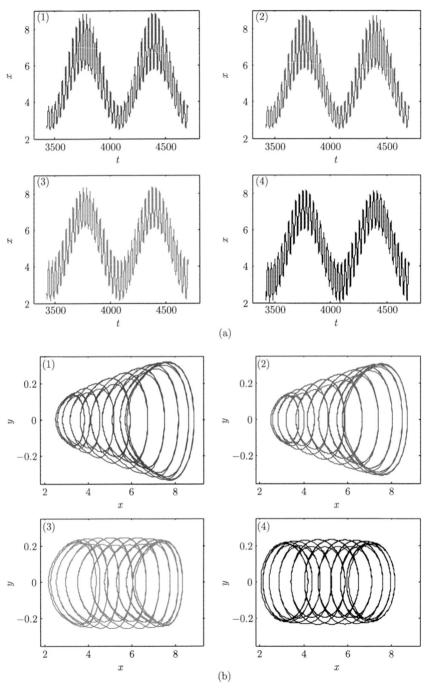

图 7.15 $f_0 = 5$ 时的时间历程和相图

(a) 时间历程；(b) 相图

图中可以非常明显地看出：随着位移 x 的增加，数值解的速度变化范围将变得越来越大，而方法 B 和方法 C 的速度变化范围几乎保持恒定；但是，方法 A 的速度变化范围几乎与数值解一致。因此，方法 A 更精确，并且方法 A 的解与这种情况下的数值解基本一致。

5. **参数 ω 的影响**

除了 $a = 2$ 和变化的参数 ω 之外，基本参数与第一部分相同。因为式 (7.1) 中的固有频率接近于 1，因此这一部分的讨论分为两种情况，即 ω 在共振区域或者非共振区域。

如图 7.16 所示，可以发现方法 A 的误差总是小于其他两种方法的误差，尽管当参数 ω 接近固有频率时，它们都变得很大。这可以通过图 7.17~ 图 7.19 中 $\omega = 0.02$、0.06 和 0.5 时的响应看出。

当 $\omega = 0.02$ 时的时间历程如图 7.17(a) 所示，其中方法 B 的结果与方法 C 的结果类似，方法 A 的解析解与数值结果一致性很好。图 7.17(b) 和 (c) 分别表示四个时间历程和相图。对于 $\omega = 0.06$，图 7.18(a) 给出了时间历程，四种结果具有一个共同点，即周期解是六个小振幅振荡的组合。此外，图 7.18(b) 中给出了四个时间历程的组合，从图中可以发现方法 A 的结果与数值解最接近。对于 $\omega = 0.5$，图 7.19 表明时间响应关于平衡点的不对称性更明显，方法 A 揭示了这种特征，而方法 B 和 C 中没有这个特征。

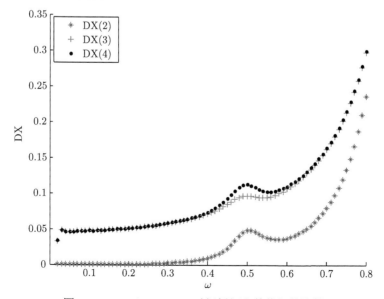

图 7.16　$\omega \in (0.01,\ 0.8)$ 时解析解和数值解的比较

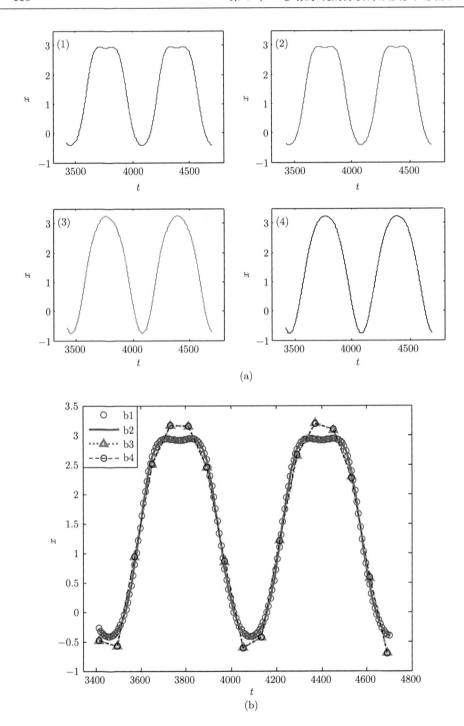

(a)

(b)

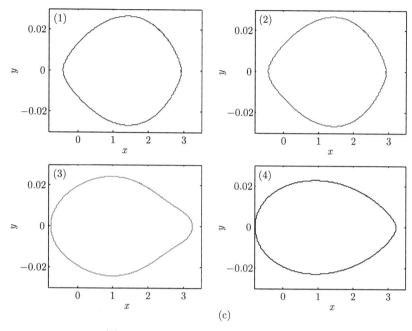

图 7.17 $\omega = 0.02$ 时的时间历程和相图

(a) 时间历程; (b) 四个时间历程的组合; (c) 相图

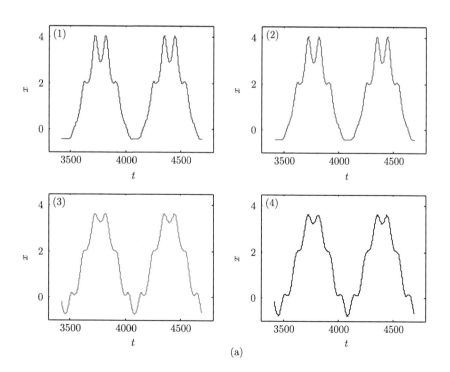

(a)

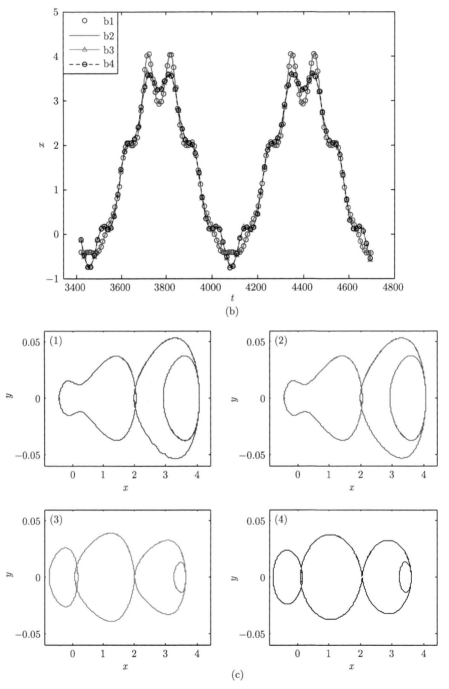

图 7.18 $\omega = 0.06$ 时的时间历程和相图

(a) 时间历程；(b) 四个时间历程的组合；(c) 相图

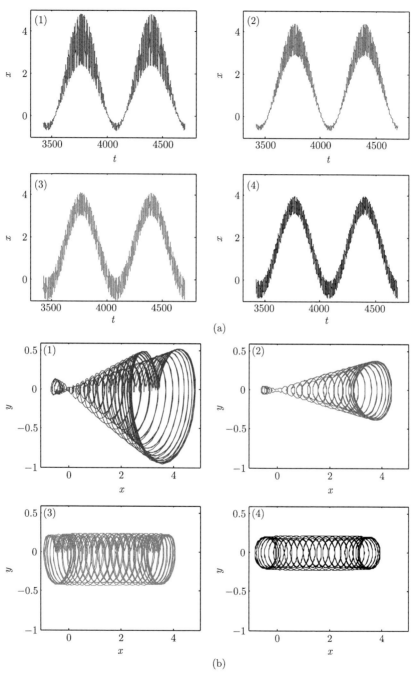

图 7.19 $\omega = 0.5$ 时的时间历程和相图

(a) 时间历程；(b) 相图

当 $\omega \in (0.9, 2)$ 时, 图 7.20 给出了四种方法之间的差异, 其方差分别用 DX(2)、DX(3) 和 DX(4) 表示。图 7.21～ 图 7.24 分别对应 $\omega = 1$、1.2、1.5 和 2 时的响应。

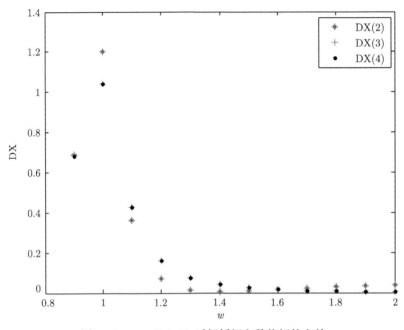

图 7.20 $\omega \in (0.9, 2)$ 时解析解和数值解的方差

当 $\omega = 1$ 时, 系统将出现共振, 这可以从图 7.21(a) 和 (b) 中的子图 (1) 中的时间历程和相图中看到。此时 DX(2) 大于 DX(3) 和 DX(4), 这意味着方法 A 的误差大于方法 B 和 C。然而, 方法 A 得到的典型现象即时间响应和轨迹的形状, 仍然与数值结果相似, 而这些特征在方法 B 和方法 C 的结果中并不明显。随着参数 ω 的增加, 共振将会消失, 方法 A 的计算误差将会低于方法 B 和方法 C 的计算误差。

此外, 图 7.22 和图 7.23 分别表示 $\omega = 1.2$ 和 1.5 的响应。当 $\omega > 1.6$, DX(2) 再次大于 DX(3) 和 DX(4), 但是方法 A 和数值解中时间响应关于平衡点的不对称性和轨迹形状的相似性保持一致, 这可以在图 7.24 中 $\omega = 2$ 时的结果中看到。

总体而言, HBM 在求解 Mathieu 方程时存在固有缺陷, 即解的形式中没有包含关于平衡点的不对称性。相反, 本章提出的方法不仅能够更好地反映解的形式的不对称性, 还能提供更多细节, 如响应中的不同频率成分, 因此本章方法能够得到更加令人满意的计算结果。

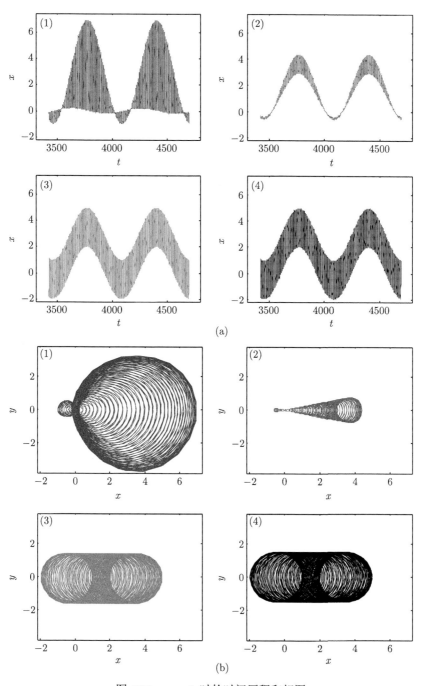

图 7.21 $\omega = 1$ 时的时间历程和相图

(a) 时间历程；(b) 相图

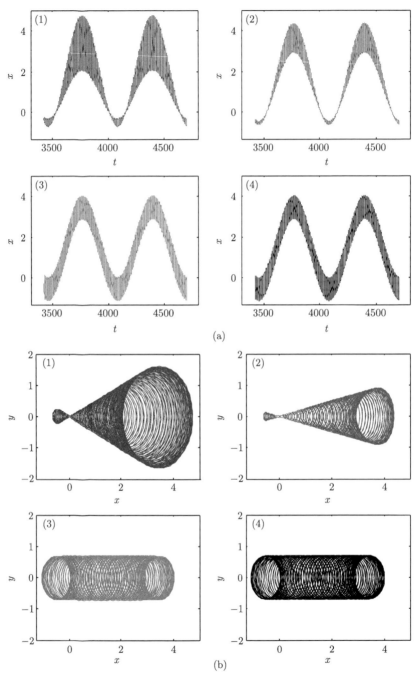

图 7.22　$\omega = 1.2$ 时的时间历程和相图

(a) 时间历程；(b) 相图

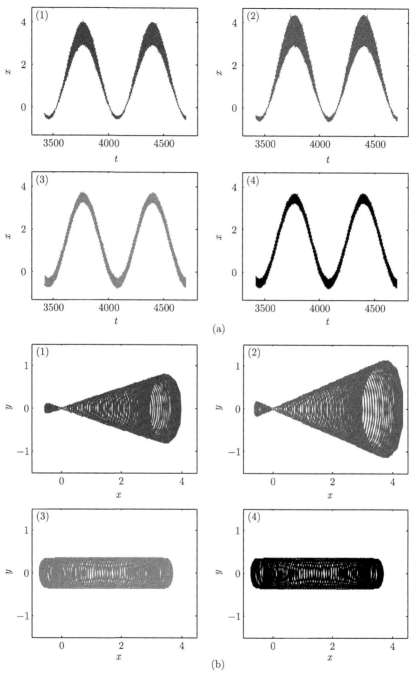

图 7.23 $\omega = 1.5$ 时的时间历程和相图

(a) 时间历程; (b) 相图

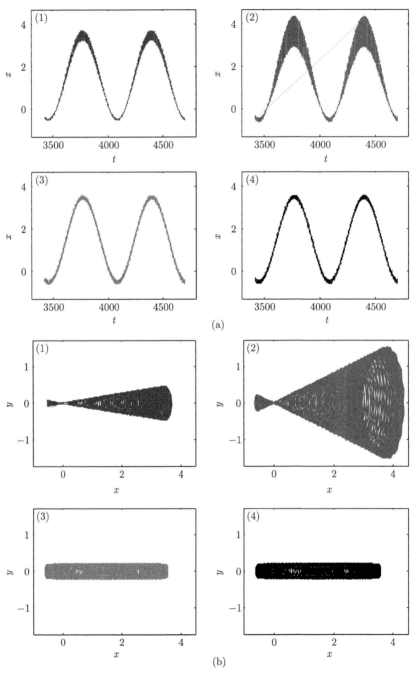

图 7.24　$\omega = 2$ 时的时间历程和相图

(a) 时间历程；(b) 相图

7.3 刚度扰动下分段线性系统的簇发现象

考虑如下具有分段线性、刚度扰动和周期激励的振子

$$x'' + 2\varepsilon x' + (1 + 2b)f(x) = f_0 + a\cos\omega_1 t$$

$$f(x) = \begin{cases} x - 1, & x > 1 \\ 0, & -1 \leqslant x \leqslant 1 \\ x + 1, & x < -1 \end{cases} \tag{7.8}$$

其中 2ε 是阻尼比, b 是刚度常数扰动, f_0 是常值激励, a 和 ω_1 分别是周期激励的振幅和频率。

显然, 式 (7.8) 是一个分段线性振子, 它可分为三个子系统

$$x'' + 2\varepsilon x' + (1 + 2b)(x - 1) = f_0 + a\cos\omega_1 t, \quad x > 1 \tag{7.9a}$$

$$x'' + 2\varepsilon x' = f_0 + a\cos\omega_1 t, \quad -1 \leqslant x \leqslant 1 \tag{7.9b}$$

$$x'' + 2\varepsilon x' + (1 + 2b)(x + 1) = f_0 + a\cos\omega_1 t, \quad x < -1 \tag{7.9c}$$

其中两个边界分别是 $x = \pm 1$, 式 (7.8) 的动力学行为由三个子系统确定。因此, 研究这三个子系统的动力学特征是十分必要的。

7.3.1 分段子系统的解析解

系统 (7.9a) 的解析解可以写为

$$\begin{aligned} x(t) = {}&\mathrm{e}^{-\varepsilon t}(c_1\cos\beta t + c_2\sin\beta t) + 1 + \frac{f_0}{1 + 2b} + \frac{a}{\sqrt{(1 + 2b - \omega_1^2)^2 + 4\varepsilon^2\omega_1^2}} \\ &\times \left[\frac{1 + 2b - \omega_1^2}{\sqrt{(1 + 2b - \omega_1^2)^2 + 4\varepsilon^2\omega_1^2}}\cos\omega_1 t + \frac{2\varepsilon\omega_1}{\sqrt{(1 + 2b - \omega_1^2)^2 + 4\varepsilon^2\omega_1^2}}\sin\omega_1 t \right] \end{aligned} \tag{7.10}$$

其中

$$\beta = \begin{cases} \sqrt{\varepsilon^2 - (1 + 2b)}, & \varepsilon^2 \geqslant 1 + 2b \\ \sqrt{(1 + 2b) - \varepsilon^2}, & \varepsilon^2 < 1 + 2b \end{cases}$$

为了简便, 假设

$$x_1 = 1 + \frac{f_0}{1 + 2b}, \quad A = \frac{a}{\sqrt{(1 + 2b - \omega_1^2)^2 + 4\varepsilon^2\omega_1^2}}$$

$$\sin\theta_0 = \frac{1 + 2b - \omega_1^2}{\sqrt{(1 + 2b - \omega_1^2)^2 + 4\varepsilon^2\omega_1^2}}, \quad \cos\theta_0 = \frac{2\varepsilon\omega_1}{\sqrt{(1 + 2b - \omega_1^2)^2 + 4\varepsilon^2\omega_1^2}}$$

显然，瞬态响应 $e^{-\varepsilon t}(c_1\cos\beta t + c_2\sin\beta t)$ 随着 t 趋于无穷将趋于零。式 (7.10) 中的稳态响应可以表示为

$$X_1(t) = x_1 + A\sin(\omega_1 t + \theta_0) \tag{7.11}$$

可见系统将以振幅 A 和频率 ω_1 在 x_1 附近振荡。在分段线性振子中，x_1 和 A 会限制稳态响应的范围。当参数同时满足条件 $f_0 > 0$，$b > 0$ 和 $x_1 > 1$ 时，意味着系统响应的中心值 x_1 可能落在 $x > 1$ 的区域内。此外，如果振幅满足 $A < \dfrac{f_0}{1 + 2b}$，则意味着 $x_1 - A > 1$，子系统 (7.9a) 的整个稳态响应将落入 $x > 1$ 区域。

另一方面，如果振幅满足 $A > \dfrac{f_0}{1 + 2b}$，子系统 (7.9a) 的稳态响应可以穿过边界 $x = 1$。实际上，子系统 (7.9a) 的动力学行为只有在 $x > 1$ 范围内才能影响整个系统 (7.8)。

子系统 (7.9b) 的解为

$$x(t) = c_1 + c_2 e^{-2\varepsilon t} + \frac{f_0}{2\varepsilon}t - \frac{a}{\omega^2 + 4\varepsilon^2}\cos\omega_1 t + \frac{2\varepsilon a}{\omega^2 + 4\omega\varepsilon}\sin\omega_1 t \tag{7.12}$$

随着时间 t 的无限增加，这个解将无限大。这意味着对于 $\varepsilon > 0$，子系统 (7.9b) 是不稳定的。

子系统 (7.9c) 的解析解可以表示为

$$\begin{aligned}
x(t) =\, & e^{-\varepsilon t}(c_1\cos\beta t + c_2\sin\beta t) + \frac{f_0}{1 + 2b} - 1 + \frac{a}{\sqrt{(1 + 2b - \omega_1^2)^2 + 4\varepsilon^2\omega_1^2}} \\
& \times \left[\frac{1 + 2b - \omega_1^2}{\sqrt{(1 + 2b - \omega_1^2)^2 + 4\varepsilon^2\omega_1^2}}\cos\omega_1 t + \frac{2\varepsilon\omega_1}{\sqrt{(1 + 2b - \omega_1^2)^2 + 4\varepsilon^2\omega_1^2}}\sin\omega_1 t \right]
\end{aligned} \tag{7.13}$$

除了中心值

$$x_2 = \frac{f_0}{1 + 2b} - 1$$

这和子系统 (7.9a) 的解析解是相似的。因此，子系统 (7.9c) 的解析解可以写成

$$X_2(t) = x_2 + A\sin(\omega_1 t + \theta_0) \tag{7.14}$$

由于

$$f_0 > 0, \quad b > 0$$

不等式

$$\frac{f_0}{1 + 2b} - 1 > -1$$

将成立, 这意味着振荡中心值 x_2 无法落入 $x < -1$ 的区域内。如果

$$A < \frac{f_0}{1 + 2b}$$

那么

$$x_2 - A > -1$$

这意味着整个子系统 (7.9c) 的稳态响应不会落入 $x < -1$ 范围内。另一方面, 如果

$$A > \frac{f_0}{1 + 2b}$$

那么

$$x_2 - A < -1$$

子系统 (7.9c) 的一部分周期响应将出现在 $x < -1$ 区域内, 这将会影响整个系统 (7.8) 的动力学行为。

子系统 (7.9a) 和 (7.9c) 分别穿越边界 $x = 1$ 和 $x = -1$ 的条件是一样的, 这种现象是很有趣的, 即

$$\frac{a}{\sqrt{(1 + 2b - \omega_1^2)^2 + 4\varepsilon^2 \omega_1^2}} > \frac{f_0}{1 + 2b} \tag{7.15}$$

在一些参数范围内, 整个系统 (7.8) 的轨线可能与不同的子系统有关, 在每个子系统中不同动力学行为可能会导致整个系统的响应变得更加丰富。

7.3.2 分段系统的稳定性分析

如果外激励是缓慢的过程, 式 (7.8) 可能涉及不同的时间尺度, 整个振子可以分为快慢两个过程, 其中的慢变量可以调节快过程的动力学行为。为了便于分析, 令 $\theta = \omega_1 t$, 将式 (7.8) 转化成自治系统

$$\begin{cases} x' = y \\ y' = -2\varepsilon y - (1 + 2b)f(x) + f_0 + a\cos\theta \\ \theta' = \omega_1 \end{cases} \tag{7.16}$$

其中假设 $\omega_1 \ll 1$, 这样整个系统将存在两个时间尺度。快子系统 (FS) 是由变量 x 和 y 控制的, 慢子系统 (SS) 通过慢过程 θ 控制。根据快慢分析法, 将慢变量作为快变量的参数, 快子系统可以写为

$$\begin{cases} x' = y \\ y' = -2\varepsilon y - (1 + 2b)f(x) + f_0 + w \end{cases} \tag{7.17}$$

其中 $w = a\cos\theta$ 是慢变参数。由于式 (7.17) 被 $f(x)$ 分为三个部分,下面将分别研究区域 $x > 1$, $-1 \leqslant x \leqslant 1$ 和 $x < -1$ 中系统的稳定性。

当 $x > 1$ 时,快子系统 (7.17) 可以写为

$$\begin{cases} x' = y \\ y' = -2\varepsilon y - (1+2b)(x-1) + f_0 + w \end{cases} \tag{7.17a}$$

显然,方程 (7.17a) 的平衡点 $P1$ 是

$$\left(\frac{f_0 + \omega}{1 + 2b} + 1, 0 \right)$$

雅克比行列式为

$$J = \begin{vmatrix} 0 & 1 \\ -(1+2b) & -2\varepsilon \end{vmatrix}$$

特征方程和特征值分别是

$$\lambda^2 + 2\varepsilon\lambda + (1+2b) = 0$$

$$\lambda = -\varepsilon \pm \sqrt{\varepsilon^2 - (1+2b)}$$

由于 $\varepsilon > 0$,所以平衡点 $P1$ 是稳定的。当 $\varepsilon^2 \geqslant 1 + 2b$ 时,$P1$ 是稳定的结点;当 $\varepsilon^2 < 1 + 2b$ 时,$P1$ 是稳定焦点。

当 $-1 \leqslant x \leqslant 1$ 时,快子系统化为

$$\begin{cases} x' = y \\ y' = -2\varepsilon y - (1+2b)(x+1) + f_0 + w \end{cases} \tag{7.17b}$$

在 $f_0 > 0$ 和 $f_0 + w = 0$ 的条件下,存在稳定的平衡线 $(x, 0)$。

当 $x < -1$ 时,快子系统化为

$$\begin{cases} x' = y \\ y' = -2\varepsilon y - (1+2b)(x+1) + f_0 + w \end{cases} \tag{7.17c}$$

平衡点 $P2$ 为

$$\left(\frac{f_0 + w}{1 + 2b} - 1, 0 \right)$$

因为它是一个线性系统,所以雅克比行列式、特征方程和特征值都和 $P2$ 无关,只取决于系统参数 ε 和 b。根据特征值 $\lambda = -\varepsilon \pm \sqrt{\varepsilon^2 - (1+2b)}$ 可知,当 $\varepsilon^2 \geqslant 1 + 2b$ 时,$P2$ 是稳定的结点;当 $\varepsilon^2 < 1 + 2b$ 时,$P2$ 是稳定的焦点。

在相同的参数条件下，平衡点 $P1$ 和 $P2$ 稳定性相同。如图 7.25 所示，结点和焦点之间的临界条件是 $\varepsilon^2 = 1 + 2b$。在区域 (I)，$P1$ 和 $P2$ 都是稳定的焦点，在区域 (II) 中它们都是稳定的结点。虽然这两类平衡点附近的相轨迹是拓扑等价的，但是在具有不同时间尺度的分段系统中可能存在不同的动力学现象，这将在下面进行分析。

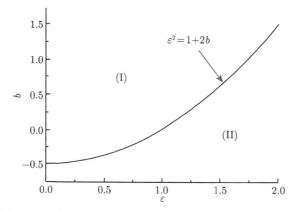

图 7.25　系统 (7.9a) 和 (7.9c) 关于参数 ε 和 b 的平衡点

7.3.3　焦点型簇发现象及其产生机理

如果在式 (7.8) 中固定参数 $\varepsilon = 0.1$，$b = 0.49$，$f_0 = 1.5$ 和 $a\cos\omega_1 t = 3\cos 0.01t$，那么该系统存在周期性簇发行为，如图 7.26 所示。可以发现整个稳态轨迹分为两种运动形式，即沉寂态 (QS) 和伴随着重复大幅振荡的激发态 (SP)。图 7.26(a) 给出了位移 x 和速度 y 的关系，可以发现大部分的激发态位于 $x > 1$ 和 $x < -1$ 区域内。从时间历程图 7.26(b) 和图 7.26(c) 可以明显发现，关于变量 y 的簇发现象比关于变量 x 的簇发现象更明显。此外，该系统处于沉寂态的时间比较长，而处于激发态的时间比处于沉寂态的时间短。

为了进一步揭示簇发现象的产生机理，将慢变过程 $w = 3\cos 0.01t$ 看作快变量 x 的参数，则变量 x 关于 w 的平衡线为

$$当\ x > 1\ 时：\qquad x = \frac{1.5 + w}{1 + 0.98} + 1$$

$$当\ x < -1\ 时：\qquad x = \frac{1.5 + w}{1 + 0.98} - 1$$

该平衡线如图 7.27(a) 所示，分别由 SE1 和 SE2 表示。根据上述稳定性分析，SE1 和 SE2 上的点都是稳定焦点，特征值是 $\lambda = -0.1 \pm 1.4\mathrm{i}$。

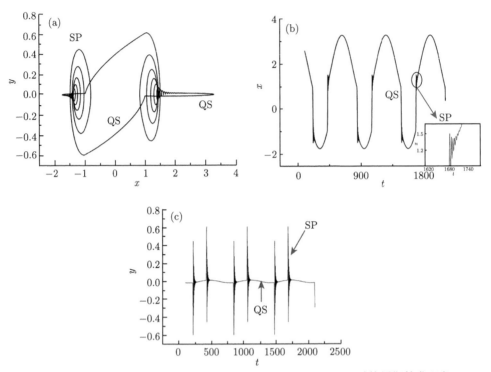

图 7.26　$\varepsilon = 0.1$、$b = 0.49$、$f_0 = 1.5$、$a\cos\omega_1 t = 3\cos 0.01t$ 时的周期簇发现象

(a) 相图；(b) x 的时间历程；(c) y 的时间历程

此外，关于快变量 x 和慢变过程 $w = a\cos 0.01t$ 周期振荡的转换相图如图 7.27(b) 所示，系统由激发态和沉寂态耦合构成。通过使用快慢分析方法、叠加图 7.27(a) 中的转换相图与图 7.27(b) 中随 x 变化的平衡线，可得到图 7.27(c)。

现在我们详细地描述簇发振荡的一个循环。如图 7.27(c) 所示，在 $-1 \leqslant x \leqslant 1$ 中没有吸引子。在 $x > 1$ 区域内，从 A 点出发的轨线具有向稳定平衡线 SE1 移动的趋势。因为在 SE1 上的点是焦点，所以在 B 点的轨线将会围绕 SE1 反复振荡，形成激发态。有趣的是，该现象不可能无限期地延续下去，因为 SE1 的吸引可能引起振荡幅值越来越小直到激发态彻底消失。然后系统响应从 C 点进入沉寂态，其特点是轨迹沿稳定平衡线 SE1 移动。当轨迹到达 D 点时，慢过程 $w = 3\cos 0.01t$ 达到最大值，轨迹会随着 w 减小回移。系统轨线会沿平衡线 SE1 保持沉寂态从点 C 运动到点 E。由于稳定平衡线 SE2 的吸引，在区域 $x < -1$ 内系统响应达到点 F，表现为围绕 SE2 振荡的激发态。在点 G 激发态很快消失，进入沉寂态。在长时间的沉寂态中，轨线经过点 H，慢变过程 $w = 3\cos 0.01t$ 达到最小值，然后返回 A 点，最终形成一个循环。由于激发态和沉寂态与平衡线上的稳定焦点密切相关，所以这个周期性过程称为焦点型簇发振荡。

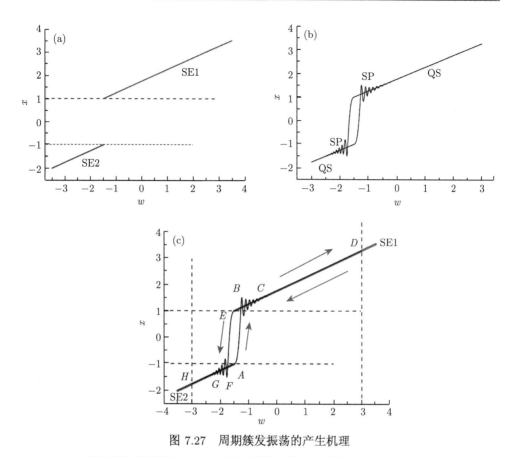

图 7.27 周期簇发振荡的产生机理

(a) 快子系统的平衡线; (b) wox 面上的转换相图; (c) 转换相图和平衡线的叠加图

7.3.4 系统参数对周期簇发的影响

系统参数的变化会导致动力学行为的变化, 而簇发振荡的产生机理可能是完全不同的。下面讨论阻尼比和外部周期激励对周期簇发振荡的影响。

1. 阻尼比对簇发现象的影响

随着阻尼比的变化, 系统的动力学行为有很大变化, 这种现象可以通过平衡点的特征值来解释。对于稳定的焦点, 特征值是复数, 它的实部可能影响轨迹收敛到平衡点的速度, 而虚部可以决定附近轨线的旋转速度。当特征值的虚部变小时, 轨迹的旋转速度会逐渐减小; 当特征值实部的绝对值变大时, 收敛到平衡点的速度也会加快。这两种速度的变化将会导致快子系统的振动时间减少。

固定参数 $b = 0.49$, 图 7.28 给出了阻尼比分别取值为 $\varepsilon = 0.01$、0.3 和 1.41 时对应的相图。从图中我们可以发现, 随着阻尼比的增大, 大幅振荡的激发态逐渐减弱。当 $\varepsilon = 1.41$ 时，激发态在整个周期轨线中最终消失。实际上，当 $\varepsilon = 0.01$、0.3 和 1.41 时，式 (7.17a) 和式 (7.17c) 的平衡点对应的特征值分别为 $\lambda = -0.01 \pm \mathrm{i}\sqrt{1.98}$、$-0.3 \pm \mathrm{i}\sqrt{1.89}$ 和 -1.41 ± 0.09。也就是说，当 $\varepsilon = 0.01$ 和 0.3 时，平衡点是稳定焦点。进一步的分析表明，对稳定的焦点来说，随着 ε 的增大特征值虚部越来越小并且实部的绝对值越来越大，这导致轨线的收敛速度和旋转速度发生变化，所以激发态的振动时间迅速减少。当 $\varepsilon = 1.41$ 时，平衡点是稳定结点，激发态完全消失。

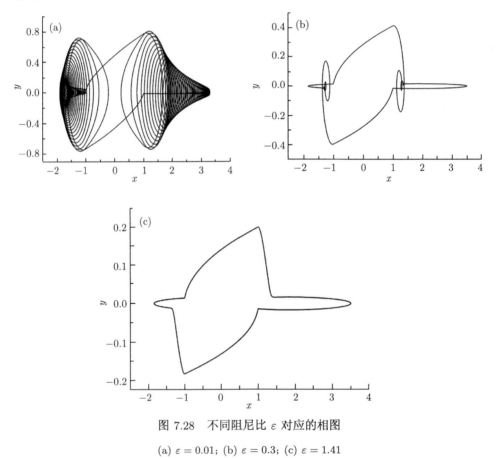

图 7.28　不同阻尼比 ε 对应的相图

(a) $\varepsilon = 0.01$；(b) $\varepsilon = 0.3$；(c) $\varepsilon = 1.41$

　　上面所述现象还可以通过图 7.29～ 图 7.31 所示的位移与速度的时间历程及频谱进行说明。从图 7.29(a) 和 (b) 可以看出，当阻尼比较小时激发态存在于位移和速度中。但是位移和速度的频率成分是不同的，位移的主要成分是激励频率而速度是固有频率。由图 7.30(a) 和 (b) 可以看出，随着阻尼比的增加，激发态逐渐减弱，这就意味着主要成分是与小固有频率相关的激励频率。如果阻尼比变得非常大，那么

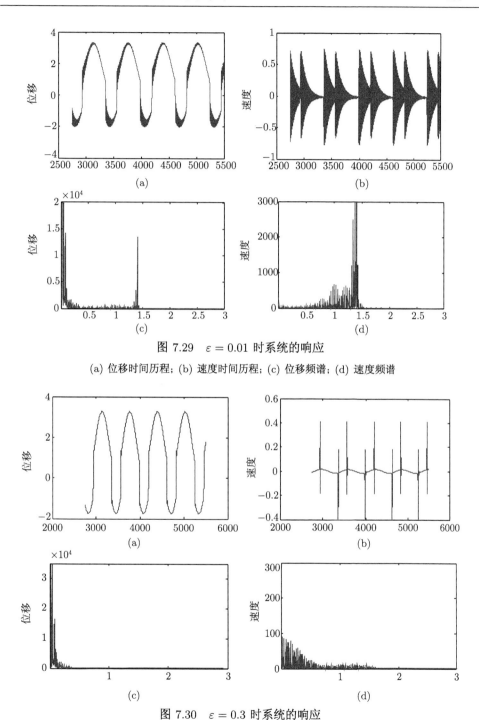

图 7.29　$\varepsilon = 0.01$ 时系统的响应

(a) 位移时间历程；(b) 速度时间历程；(c) 位移频谱；(d) 速度频谱

图 7.30　$\varepsilon = 0.3$ 时系统的响应

(a) 位移时间历程；(b) 速度时间历程；(c) 位移频谱；(d) 速度频谱

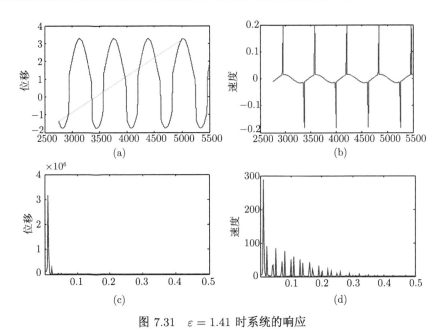

图 7.31　$\varepsilon = 1.41$ 时系统的响应

(a) 位移时间历程; (b) 速度时间历程; (c) 位移频谱; (d) 速度频谱

激发态将会完全消失, 如图 7.31(a) 和 (b) 所示。同时, 位移和速度的频率成分都是激励频率及其倍频。

　　位移和速度的频谱差异可以用来检测系统响应的频率成分, 有助于对机械系统状态进行检测。这种特性已被广泛用于机械系统故障诊断和损伤检测中, 而且很多数学者选择系统的加速度作为检测变量。

2. 外周期激励幅值对簇发现象的影响

　　改变外部激励的幅值, 当 $a = 1.53$、1.51、1.505 和 1.45 时对应的相图绘制在图 7.32 中。随着 a 的变化, 周期性簇发的形式将逐渐发生改变。当 $a = 1.53$ 时, 轨迹可以跨越两个边界 $x = \pm 1$; 当 $a = 1.51$ 和 1.505 时, 轨线仅穿越 $x = 1$。在上述三种情况下, 系统中仍然存在激发态和沉寂态耦合的簇发现象。但是当 $a = 1.45$ 时, 簇发现象将消失并且轨迹将完全落在 $x > 1$ 区域内。

　　可以用子系统的动态行为来揭示上述现象的产生机制。图 7.33(a) 给出了子系统 (7.9a) 和 (7.9c) 的稳态响应, 分别由 RE1 和 RE2 表示。当 $x > 1$ 时, 整个系统具有向 RE1 运动的趋势; 当 $x < -1$ 时整个系统具有向 RE2 运动的趋势; 而在 $-1 \leqslant x \leqslant 1$ 区域没有稳态响应。叠加图 7.26(a) 与图 7.33(a), 可以分别得到图 7.33(b) 和 (c), 其中箭头表示轨迹的方向。在图 7.33(b) 中, 当整个系统轨线进入 $x > 1$ 区域, 它会很快收敛到子系统 (7.9a) 的稳态响应 RE1 上。当 RE1 穿越边界

$x = 1$ 时, 轨迹将在切换点 $P1$ 移到下一个矢量场。当 $x < -1$ 时, 类似的现象也可能发生。如图 7.33(c) 所示, 在大幅度振荡之后, 整个系统轨线可能沿着 RE2 运动。当 RE2 到达边界 $x = -1$ 时, 轨迹会在转折点 $P2$ 变成下一个向量场。因此, 整个系统的稳态响应在子系统 (7.9a) 和 (7.9c) 之间切换。

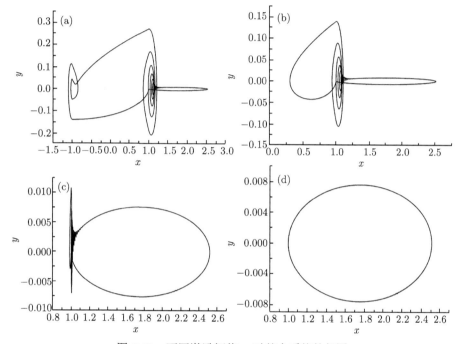

图 7.32　不同激励幅值 a 时整个系统的相图

(a) $a = 1.53$; (b) $a = 1.51$; (c) $a = 1.505$; (d) $a = 1.45$

下面用子系统稳态响应的解析解来分析簇发振荡中激励振幅的影响。如上述分析, 子系统 (7.9a) 和 (7.9c) 稳态响应的振幅满足

$$A = \frac{a}{\sqrt{(1 + 2b - \omega_1^2)^2 + 4\varepsilon^2\omega_1^2}}$$

随着外部周期激励的幅值 a 下降, 稳态响应的振幅 A 将变小。这可以通过数值模拟验证, 如图 7.33(a) 和图 7.34 所示。

当 $\varepsilon = 0.1$ 和 $\omega_1 = 0.01$ 时, 振幅为

$$A = \frac{a}{\sqrt{(1 + 2b - \omega_1^2)^2 + 4\varepsilon^2\omega_1^2}} \approx \frac{a}{1 + 2b - \omega_1^2} \approx \frac{a}{1 + 2b}$$

式 (7.15) 变为

$$\frac{a}{1 + 2b} > \frac{f_0}{1 + 2b}$$

因此当 $a < f_0$ 时，子系统 (7.9a) 和 (7.9c) 的稳态响应将不会通过边界 $x = \pm 1$。

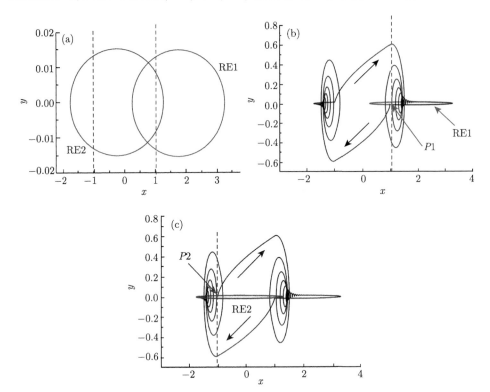

图 7.33 $a = 3$ 时，整个系统的簇发现象和快子系统稳态相应的叠加

(a) 子系统 (7.9a) 和 (7.9c) 的稳态响应；(b) 簇发与快子系统 (7.9a) 的稳态响应的叠加；(c) 簇发与快子系统 (7.9c) 的稳态响应的叠加

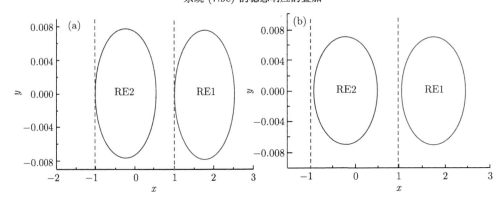

图 7.34 不同激励幅值 a 时子系统 (7.9a) 和 (7.9c) 的稳态响应

(a) $a = 1.53$；(b) $a = 1.4$

当 $b = 0.49$、$f_0 = 1.5$ 和 $a < 1.5$ 时，将满足以下不等式：

$$x_2 + A = \left(\frac{f_0}{1 + 2b} - 1 \right) + \frac{a}{1 + 2b} < 1$$

$$x_2 - A = \left(\frac{f_0}{1 + 2b} - 1 \right) - \frac{a}{1 + 2b} > -1$$

$$x_1 - A = 1 + \frac{f_0}{1 + 2b} - \frac{a}{1 + 2b} > 1$$

这意味着子系统 (7.9c) 的响应 $X_2(t) = x_2 + A\sin(\omega_1 t + \theta_0)$ 可以完全落在区域 $-1 \leqslant x \leqslant 1$ 内，而子系统 (7.9a) 的整体响应 $X_1(t) = x_1 + A\sin(\omega_1 t + \theta_0)$ 可能出现 在 $x > 1$ 区域内。这个结果可以通过 $a = 1.4$ 时图 7.34(b) 所示的子系统响应来说 明。

因此，如果其他参数都是固定的，激励幅值 a 可能决定子系统响应的振幅，从 而调节整个系统的动力学行为。当 $a > 1.5$ 时，整个轨线可能涉及不同的子系统稳 态响应在不同向量场之间穿越不同的边界，导致焦点型的周期簇发现象。当 $a < 1.5$ 时，在 $x > 1$ 区域内，整个系统受到子系统 (7.9a) 的响应的吸引，从而使整个系统 的周期振动不能到达边界，而不发生周期簇发现象。

基于上述分析可知，系统参数的变化将会对平衡点的特性和簇发行为产生影 响。根据不同的簇发行为，可以区分系统参数和动力学状态的变化情况，这在机械 系统动力学研究中是非常有用的。

7.4 本 章 结 论

针对参激系统现有求解方法的缺陷，本章提出了一种基于参数变异的高精度 求解方法。该方法不仅能够更好地反映解的形式的不对称性，还能提供更多细节， 如响应中的不同频率成分，因此能够得到更加令人满意的计算结果。

如果外部周期激励是缓慢的过程，那么具有常值刚度扰动的分段参激系统可 能包含两种时间尺度，本章发现了其中的焦点型周期簇发现象。通过快慢分析方 法，发现在某些参数条件下，稳定的焦点存在于快子系统中。趋向于稳定的焦点平 衡线的重复大幅振荡形成周期簇发振荡的激发态。平衡线的吸引力导致激发态向 沉寂态切换，而不同向量场间的切换导致在周期簇发振荡中沉寂态向激发态转换。

参 考 文 献

[1] Nayfeh A H, Mook D T. Nonlinear oscillations. New York: Wiley, 1979

[2] Ng L, Rand R. Bifurcations in a Mathieu equation with cubic nonlinearities. Chaos, Solitons & Fractals, 2002, 14(2): 173-181

[3] Mahmoud G M. Periodic solutions of strongly non-linear Mathieu oscillators. International Journal of Non-linear Mechanics, 1997, 32(6): 1177-1185

[4] Belhaq M, Guennoun K, Houssni M. Asymptotic solutions for a damped non-linear quasi-periodic Mathieu equation. International Journal of Non-linear Mechanics, 2002, 37(3): 445-460

[5] Zhang W, Wang D M, Yao M H. Using Fourier differential quadrature method to analyze transverse nonlinear vibrations of an axially accelerating viscoelastic beam. Nonlinear Dynamics, 2014, 78(2): 839-856

[6] Yao M H, Chen Y P, Zhang W. Nonlinear vibrations of blade with varying rotating speed. Nonlinear Dynamics, 2012, 68(4): 487-504

[7] Ding H, Chen L Q, Yang S P. Convergence of Galerkin truncation for dynamic response of finite beams on nonlinear foundations under a moving load. Journal of Sound and Vibration, 2012, 331(10): 2426-2442

[8] Ding H, Chen L Q. Natural frequencies of nonlinear vibration of axially moving beams. Nonlinear Dynamics, 2011, 63(1/2): 125-134

[9] Choudhury G A, Guha P. Damped equations of Mathieu type. Applied Mathematics Computation, 2014, 229: 85-93

[10] Ziener C, Rückl M, Kampf T, Bauer W R, Schlemmer H P. Mathieu functions for purely imaginary parameters. Journal of Computational and Applied Mathematics, 2012, 236(17): 4513-4524

[11] Rand R H, Sah S M, Suchorsky M K. Fractional Mathieu equation. Communications in Nonlinear Science and Numerical Simulation, 2010, 15(11): 3254-3262

[12] Li X H, Hou J Y, Chen J F. An analytical method for Mathieu oscillator based on method of variation of parameter. Communications in Nonlinear Science and Numerical Simulation, 2016, 37: 326-353

[13] Wen S F, Shen Y J, Li X H, Yang S P, Xing H J. Dynamical analysis of fractional-order Mathieu equation. Journal of Vibroengineering, 2015, 17(5): 2696-2709

[14] Wen S F, Shen Y J, Li X H, Yang S P. Dynamical analysis of Mathieu equation with two kinds of van der Pol fractional-order terms. International Journal of Non-Linear Mechanics, 2016, 84: 130-138

[15] Luo A C J. Singularity and dynamics on discontinuous vector fields. Amsterdam: Elsevier, 2006

[16] Kahraman A, Singh R. Non-linear dynamics of a spur gear pair. Journal of Sound and Vibration, 1990, 142(1): 49-75

[17] Kahraman A, Singh R. Non-linear dynamics of a geared rotor-bearing system with multiple clearances. Journal of Sound and Vibration, 1991, 144(3): 469-506

[18] Natsiavas S, Theodossiades S, Goudas I. Dynamic analysis of piecewise linear oscillators with time periodic coefficients. International Journal of Non-Linear Mechanic, 2000, 35:

53-68

[19] Natsiavas S, Theodossiades S. Non-linear dynamics of gear-pair systems with periodic stiffness and backlash. Journal of Sound and Vibration, 2000, 229(2): 287-310

[20] Shen Y J, Yang S P, Liu X D, Pan C Z. Non-linear dynamics of a spur gear pair with time-varying stiffness and backlash. Journal of Low Frequency Noise Vibration and Active Control, 2004, 23(3): 78-187

[21] Shen Y J, Yang S P, Liu X D. Non-linear dynamics of a spur gear pair with time-varying stiffness and backlash based on incremental harmonic balance method. International Journal of Mechanical Sciences, 2016, 48(11): 1256-1263

[22] Sato K, Yamamoto S, Kawakami T. Bifurcation sets and chaotic states of a geared system subjected to harmonic excitation. Computational Mechanics, 1991, 7(3): 173-182

[23] Li X H, Hou J Y. Bursting phenomenon in a piecewise mechanical system with parameter perturbation in stiffness. International Journal of Non-Linear Mechanics, 2016, 81: 165-176

第8章 两类分数阶系统的多尺度效应及其分岔机制

8.1 引 言

分数阶微积分发展至今已经有 300 多年的历史 [1,2]。自 20 世纪 70 年代以来，随着计算机技术的发展，分数阶微积分在理论和工程应用方面的研究引起了不同领域学者的关注，并成为国际上一个热点研究课题。目前，分数阶微分系统可以分为两类，一类是将原有的整数阶系统添加或改变分数阶微分项，得到分数阶微分系统。申永军等 [3-6] 研究了包括 van der Pol 和 Duffing 等在内的一些含有分数阶微分的线性和非线性振子，并分析了分数阶微分项中各个参数对系统动力学行为的影响。Liu 和 Duan[7] 利用拉普拉斯变换和反转积分研究了分数阶阻尼模型的解。许勇 [8] 提出了一种处理具有分数阶导数阻尼和随机激励的强非线性系统的新技术。Ahmad[9] 分析了当文氏电桥振荡器中的两个电容器均用分数阶微积分表示时出现的正弦振荡，发现分数阶阶次决定了两个状态变量间波形的相位差及振荡频率。另一类是将经典的整数阶系统的微分直接推广为分数阶，从而得到分数阶微分系统。Ahmed 等 [10] 证明了分数阶捕食–被捕食系统解的存在性和唯一性。Elouahab[11] 为了消除金融系统中混沌的行为，推广了分数阶的非线性反馈控制。王在华等 [12] 首次在 Morris-Lecar 神经元模型中引入分数阶微分，发现在一定的系统参数条件下，簇发行为只发生在分数阶模型中，在整数阶模型中不存在，并给出了机理解释。还有许多专家学者对含有分数阶导数的随机系统的动力学行为进行了研究 [13,14]。

目前对于分数阶 Brusselator 反应的研究尚在逐步发展阶段。李常品等 [15,16] 在研究分数阶微分系统的同步现象时首次提出了分数阶 Brusselator 系统，发现当分数阶阶次总和小于 0.97 时，分数阶 Brusselator 系统存在一个极限环。Gafiychuk[17,18] 研究了分数阶 Brusselator 系统的稳定性区域以及不同参数下系统极限环的存在性，提出了一种非标准有限差分格式的数值方法并对分数阶 Brusselator 系统进行了研究。Hajipoor[19] 对分数阶 Brusselator 系统的稳态解及其振荡行为进行了分析。李向红等 [20] 对于多尺度耦合的分数阶 BZ 反应进行了初步探讨。

8.2 分数阶 BZ 反应的快慢效应及其分岔机制

Oregonator 振子是一类光敏 BZ 反应, 该模型由 Sekiguchi 等 [21] 提出, 其主要反应步骤可参见第 4 章。

相应的数学模型为

$$\begin{cases} x' = s(y - xy + x - qx^2) \\ y' = (-y - xy + fz)/s \\ z' = k(x - z) \end{cases} \tag{8.1}$$

其中 x、y 和 z 分别表示 $HBrO_2$、Br^- 和 Ru(bpy) 的浓度, 并且 s、q、f 和 k 分别是与反应速率有关的无量纲常量。这些参数与温度、压强和进给率等条件密切相关, 在反应过程中对系统的动力学行为是非常重要的。

分数阶光敏 BZ 反应的数学模型为

$$\begin{cases} D^\alpha x = s(y - xy + x - qx^2) \\ D^\alpha y = (-y - xy + fz)/s \\ D^\alpha z = k(x - z) \end{cases} \tag{8.2}$$

其中 D^α 是 $\alpha \in (0,1]$ 的分数阶微分算子。显然, 式 (8.1) 是式 (8.2) 的特殊情况。在这里采用 Caputo 定义, $D^\alpha[f(t)] = \dfrac{1}{\Gamma(1-\alpha)} \displaystyle\int_0^t \dfrac{f'(\tau)}{(t-\tau)^\alpha} \mathrm{d}\tau$。

8.2.1 分岔分析

分数阶 BZ 反应的平衡点 (x_0, y_0, z_0) 为

$$E_1 \left(\frac{-f - q - m + 1}{2q}, \frac{3f + q + m + 1}{4}, \frac{-f - q - m + 1}{2q} \right)$$

$$E_2 \left(\frac{-f - q + m + 1}{2q}, \frac{3f + q - m + 1}{4}, \frac{-f - q + m + 1}{2q} \right)$$

$$E_3(0, 0, 0)$$

其中 $m = \sqrt{f^2 + 6fq - 2f + q^2 + 2q + 1}$。

在平衡点处的雅克比矩阵为

$$\boldsymbol{J} = \begin{bmatrix} s(1 - y_0 - 2qx_0) & s(1 - x_0) & 0 \\ -\dfrac{y_0}{s} & -\dfrac{1}{s}(1 + x_0) & \dfrac{f}{s} \\ k & 0 & -k \end{bmatrix}$$

平衡点 E_1、E_2 和 E_3 的稳定性由下面的特征方程决定

$$\lambda^3 + a_2\lambda^2 + a_1\lambda + a_0 = 0 \tag{8.3}$$

其中

$$a_2 = \frac{x_0 + 1}{s} - s + k + sy_0 + 2qsx_0$$

$$a_1 = \frac{k}{s}(1 + x_0) - ks(1 - y_0 - 2qx_0) - (1 + x_0)(1 - 2qx_0 - y_0) + y_0(1 - x_0)$$

$$a_0 = -k[(1 + x_0)(1 - y_0 - 2qx_0) + (1 - x_0)(f - y_0)]$$

为了计算方便，引入下面的定义

$$A = a_2^2 - 3a_1, \quad B = a_1a_2 - 9a_0, \quad C = a_1^2 - 3a_0a_2$$

$$\Delta = B^2 - 4AC = (9a_0 - a_1a_2)^2 - 4(3a_1 - a_2^2)(3a_0a_2 - a_1^2)$$

根据求解一元三次方程的盛金公式 [22]，发现当 $\Delta \leqslant 0$ 时，式 (8.3) 有三个实特征根；$\Delta > 0$ 时，有一个实根和一对共轭复根，即

$$\lambda_1 = \frac{-a_2 - (\sqrt[3]{Y_1} + \sqrt[3]{Y_2})}{3}$$

$$\lambda_{2,3} = \frac{-a_2 + \frac{1}{2}(\sqrt[3]{Y_1} + \sqrt[3]{Y_2}) \pm \frac{\sqrt{3}}{2}(\sqrt[3]{Y_1} - \sqrt[3]{Y_2})\mathrm{i}}{3}$$

其中

$$Y_1 = Aa_2 + \frac{3(-B + \sqrt{B^2 - 4AC})}{2}, \quad Y_2 = Aa_2 + \frac{3(-B - \sqrt{B^2 - 4AC})}{2}, \quad \mathrm{i}^2 = -1$$

复共轭特征根幅角的绝对值满足

$$|\arg(\lambda_{2,3})| = \left(\arctan\frac{\frac{\sqrt{3}}{2}(\sqrt[3]{Y_1} - \sqrt[3]{Y_2})}{-a_2 + \frac{1}{2}(\sqrt[3]{Y_1} + \sqrt[3]{Y_2})}\right)_{\mathrm{Re}\lambda_{2,3}>0}$$

$$\cup \left(\pi - \arctan\frac{\frac{\sqrt{3}}{2}(\sqrt[3]{Y_1} - \sqrt[3]{Y_2})}{a_2 - \frac{1}{2}(\sqrt[3]{Y_1} + \sqrt[3]{Y_2})}\right)_{\mathrm{Re}\lambda_{2,3}<0}$$

基于分数阶微分方程稳定性理论 [23]，可以求得式 (8.2) 中平衡点的稳定性条件是

$$|\arg\lambda| > \frac{\alpha\pi}{2}$$

在 $\alpha \in (0,1]$ 范围内，当 $\Delta \leqslant 0$ 时式 (8.2) 的稳定性保持不变，而当 $\Delta > 0$ 时系统稳定性与分数阶的阶次密切相关。式 (8.2) 失稳的边界条件为

$$\alpha_0 = \alpha_{01} \cup \alpha_{02} \tag{8.4}$$

其中

$$\alpha_{01} = \frac{2}{\pi} \arctan \frac{\frac{\sqrt{3}}{2}(\sqrt[3]{Y_1} - \sqrt[3]{Y_2})}{-a_2 + \frac{1}{2}(\sqrt[3]{Y_1} + \sqrt[3]{Y_2})} \quad (\mathrm{Re}\lambda_{2,3} > 0)$$

$$\alpha_{02} = 2 - \frac{2}{\pi} \arctan \frac{\frac{\sqrt{3}}{2}(\sqrt[3]{Y_1} - \sqrt[3]{Y_2})}{a_2 - \frac{1}{2}(\sqrt[3]{Y_1} + \sqrt[3]{Y_2})} \quad (\mathrm{Re}\lambda_{2,3} < 0)$$

由于 $\frac{\pi\alpha}{2} \in \left(0, \frac{\pi}{2}\right]$，因此边界条件 (8.4) 可变为 $\alpha_0 = \alpha_{01}$。

固定参数 $s = 2$、$q = 0.05$ 和 $f = 1.61$，式 (8.2) 的三个平衡点分别为

$$\begin{cases} E_1 = (3.1857, 1.2254, 3.1857) \\ E_2 = (-16.3857, 1.7146, -16.3857) \\ E_3 = (0,0,0) \end{cases} \tag{8.5}$$

E_2 不符合实际意义，而 E_3 总是不稳定的，因此仅对平衡点 E_1 进行分析。此时式 (8.3) 中的系数为

$$a_2 = k + 3.1808, \quad a_1 = 3.1808k - 0.4015, \quad a_0 = 3.1175k$$

和

$$A = (k + 3.1808)^2 - 9.5424k + 1.2044$$

$$B = (3.1808k - 0.4015)(k + 3.1808) - 28.0576k$$

$$C = (3.1808k - 0.4015)^2 - 9.3525k(k + 3.1808)$$

图 8.1(a) 是系统 (8.2) 关于 k 和 α 的双参数分岔图，在区域 (I) 中平衡点是稳定的。当参数穿过边界线进入区域 (II) 后，平衡点失稳并且出现了稳定的极限环。显然，稳定平衡点的参数范围大于稳定极限环的范围。但是，若 $0 < k \ll 1$，则稳定极限环的参数区间要比稳定平衡点的区间大。例如，当 $k = 0.15$ 和 $\alpha = 0.995$ 时，稳定极限环的相图如图 8.1(b) 所示。

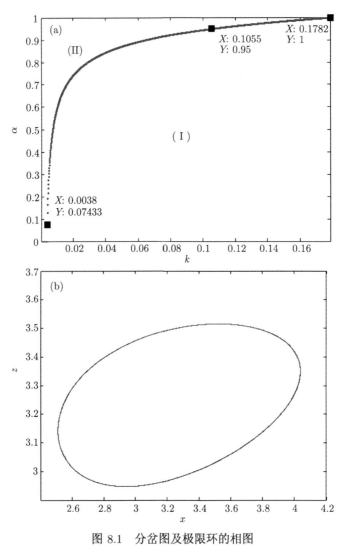

图 8.1   分岔图及极限环的相图

(a) 关于参数 k 与 α 的分岔图；(b) $k = 0.15$ 和 $\alpha = 0.995$ 时对应的相图

8.2.2   整数阶与分数阶系统的稳定性分析

虽然参数 k 与系统 (8.2) 的平衡点无关，但是它与该系统的稳定性密切相关，因此参数 k 的变化会引起系统动力学行为的变化。本节考虑 $0.0005 < k < 1.1$，其他参数的取值和 8.2.1 节保持一致。下面分别分析 $\alpha = 1$ 和 $\alpha = 0.95$ 时的两种情况。

当 $\alpha = 1$ 时，系统 (8.2) 的特征根实部和虚部的变化情况如图 8.2 所示，分别用实线和星线表示。当 $k \in (0.0005, 0.00375)$ 时，由于有两个正的和一个负的实特征根，所以 E_1 是不稳定的。当 $k \in (0.00375, 1.1)$ 时，出现了一个负实特征根和一对共轭复根。在此需要注意的是，随着参数 k 的增加，复特征根的实部发生着变化。当 $k < 0.1782$ 时，复特征根的实部是正的，而 $k > 0.1782$ 时是负的。这说明，$k \in (0.00375, 0.1782)$ 时，平衡点是不稳定的，而 $k \in (0.1782, 1.1)$ 是稳定的。因此，在 $k = 0.1782$ 处，发生 Hopf 分岔，如图 8.2(a) 所示，其中 A 表示 Hopf 分岔点。这意味着，当反应速率常量 k 足够小时，存在稳定的周期反应；而对于较大的 k，稳定的周期反应消失并且反应物的浓度 x、y 和 z 将会趋于常数。

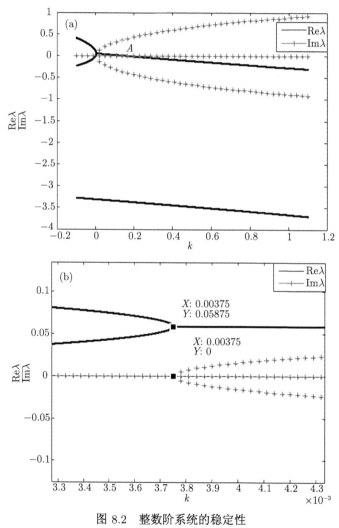

图 8.2 整数阶系统的稳定性

(a) $\alpha = 1$ 时系统 (8.2) 的特征根实部与虚部；(b) $k = 3.75 \times 10^{-3}$ 附近的放大图

当 $\alpha = 0.95$ 时，系统有一个负实特征根 λ_1 和一对共轭复特征根 $\lambda_{2,3}$，与其对应的幅角变化情况如图 8.3 所示。特征根 λ_1 的幅角一直是 π，而复特征根的幅角会随着参数 k 的增加而发生变化。在 $k \in (0.0005, 0.1049)$ 范围内 $|\arg(\lambda_{2,3})| < \dfrac{\alpha\pi}{2}$，平衡点是不稳定的；而 $k \in (0.1049, 1.1)$ 时 $|\arg\lambda| > \dfrac{\alpha\pi}{2}$，此时平衡点是渐近稳定的。例如，在 $k = 0.1049$ 时平衡点失稳，这也可从图 8.1 中看出。

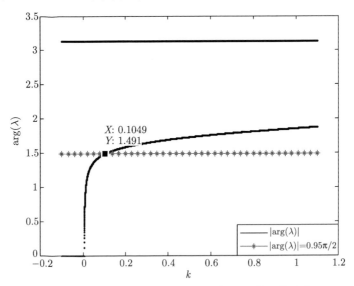

图 8.3　$\alpha = 0.95$ 时特征根的幅角的临界值和绝对值

通过比较上面的两种情况，发现在较大的参数范围内，分数阶系统和对应的整数阶系统的稳定性是相同的。但是在区间 $k \in (0.1049, 0.1782)$ 内，两个系统的稳定性是完全不同的。在此区间中，当 $\alpha = 1$ 时 E_1 是不稳定的，而 $\alpha = 0.95$ 时是稳定的。例如，取 $k = 0.15$ 时，图 8.4 的数值模拟结果与上面的理论分析结果是一致的。另外，随着分数阶阶次 α 的减小，稳定性不一致的区间长度变得越来越长，此现象也可由图 8.1 分析得到。

8.2.3　Fold/Fold 快慢型振荡及分岔机理分析

考虑 $k = 0.001$ 的情况，此时系统 (8.2) 涉及两个时间尺度，系统可能表现出典型的快慢现象。当 $\alpha = 0.95$ 时，系统中出现周期快慢振荡行为，相应的相图和时间历程如图 8.5 所示。在每个振荡周期中，存在两次瞬间的跳跃行为，如图 8.5(a) 中的箭头所示。另外，快变量和慢变量表现出不同的动力学特点。对于快变量 x，瞬间的跳跃行为形成了激发态，并且在周期振荡中，系统大部分时间处于沉寂态，如图 8.5(b) 所示。而对于慢变量 z，不存在瞬间的跳跃现象，如图 8.5(c) 所示。需要说明的是，上面叙述的周期振荡过程是由 Hopf 分岔引起的稳定振荡。为了进一步说明快慢周期振荡的稳定性，图 8.6 给出了在初始条件不同时对应的系统响应。

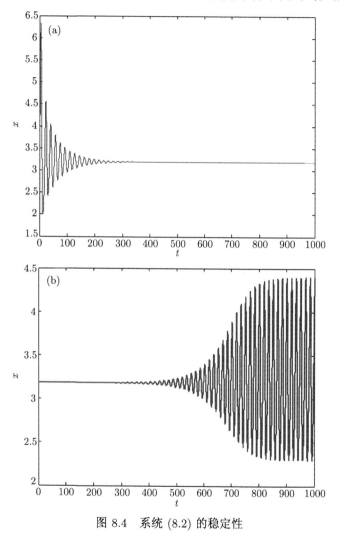

图 8.4 系统 (8.2) 的稳定性

(a) 分数阶系统的时间历程；(b) 整数阶系统的时间历程

下面利用分岔理论分析上面快慢现象的产生机理。显然，系统 (8.2) 可以分离出快子系统和慢子系统。快子系统由快变量 x 和 y 决定，慢子系统由慢变量 z 决定，将慢变量看作是快子系统的分岔参数，可得到快子系统

$$\begin{cases} D^\alpha x = s(y - xy + x - qx^2) \\ D^\alpha y = (-y - xy + fz)/s \end{cases} \tag{8.6}$$

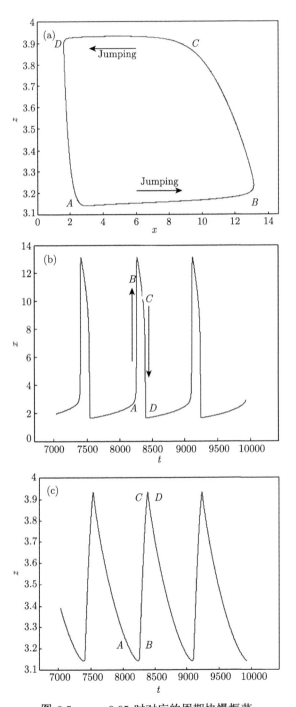

图 8.5　$\alpha = 0.95$ 时对应的周期快慢振荡

(a) 相图；(b) 快变量 x 的时间历程；(c) 慢变量 z 的时间历程

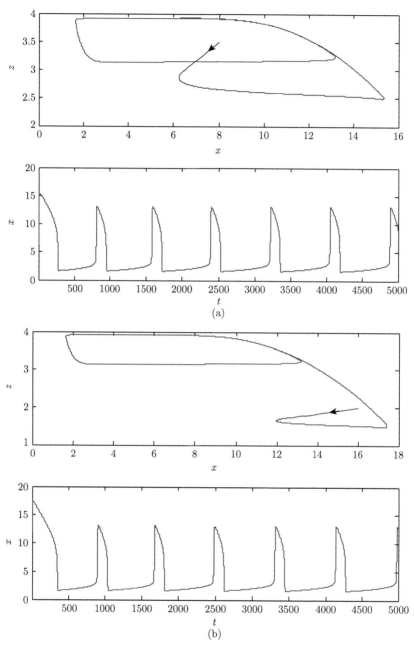

图 8.6 $\alpha = 0.95$ 时不同初始值 (x^*, y^*, z^*) 的响应

(a) $(x^*, y^*, z^*) = (8, 1.2254, 3.5)$; (b) $(x^*, y^*, z^*) = (16, 1.2254, 2)$

快子系统的平衡点满足下面的方程:

$$qx^3 - (1-q)x^2 - (1-fz)x - fz = 0$$

或

$$z = \frac{-qx^3 + (1-q)x^2 + x}{f(x-1)}$$

令

$$z' = \frac{qx^3 + (q-1)x^2 - x}{f(x-1)^2} - \frac{3qx^2 + 2(q-1)x - 1}{f(x-1)} = 0 \tag{8.7}$$

可求出平衡线的极值点, 该极值点可用于分析快子系统的分岔行为。当 $q=0.05$、$f=1.61$ 和 $s=2$ 时, 可以求得两个极值点 LP1(2.7425, 3.1569) 和 LP2(8.6777, 3.8461)。如图 8.7 所示, 快子系统的平衡线由三个分支构成。通过对图 8.8 中不同平衡线分支上平衡点的特征值情况进行分析, 分支 (I) 和 (III) 上的平衡点是稳定结点, 在分支 (II) 上的平衡点是不稳定鞍点。因此, LP1 和 LP2 均是快子系统 Fold 分岔的临界点。在上面取定的参数条件下, 系统的平衡点或者是结点或者是鞍点。此时特征值总具有零虚部, 因此快子系统的稳定性不受分数阶阶次的影响。

由于该系统可以分离快慢子系统, 所以可以使用快慢动力学方法分析快慢振荡行为的产生机理。叠加快子系统的分岔图与系统相图得到图 8.9。

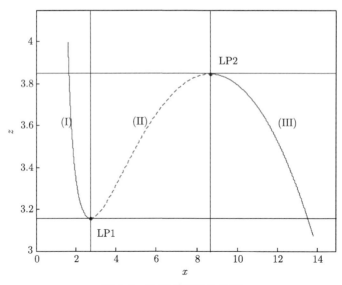

图 8.7   快子系统的分岔图

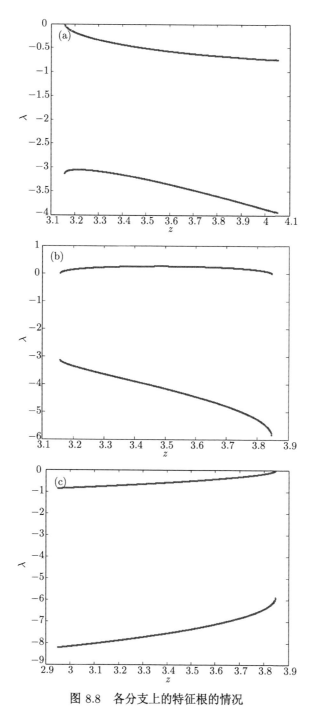

图 8.8 各分支上的特征根的情况

(a) 分支 (I) 上的特征根；(b) 分支 (II) 上的特征根；(c) 分支 (III) 上的特征根

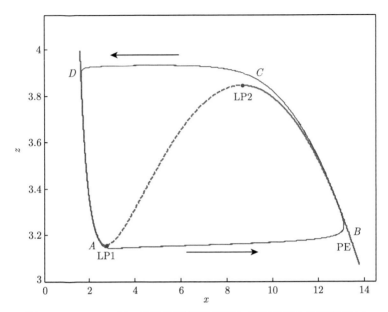

图 8.9 $\alpha = 0.95$ 时，分数阶系统的相图与快子系统分岔图的叠加

现在，详细地描述一个周期内的振荡行为。由于快子系统稳定平衡线 (I) 的吸引，从点 D 出发的轨线将保持沉寂态。在点 LP1 处快子系统发生 Fold 分岔，使得轨线在点 A 处达到最小值。此时轨线由于受到稳定的平衡线 (III) 的吸引，产生了从 A 到 B 的瞬间跳跃现象，即轨线进入激发态。当轨线跳跃到 B 点后，系统再一次进入沉寂态，开始沿着平衡线 (III) 运动。当轨线到达快子系统的分岔点 LP2 时，沉寂态结束，同时受到平衡线 (I) 的吸引，轨线瞬间从点 C 跳跃到点 D。上面描述的整个过程形成了一个振荡周期。总之，两次 Fold 分岔导致沉寂态与激发态间的两次瞬间跳跃行为，因此称此周期振荡行为是 Fold/Fold 型快慢振荡。

另外，下面比较分数阶阶次在快慢周期振荡中的影响。图 8.10 给出了 $\alpha = 1$ 和 $\alpha = 0.85$ 对应的快慢振荡的产生机理。从图 8.10 可以看出，系统快慢周期振荡的产生机理几乎不受分数阶阶次的影响。原因主要是随着分数阶阶次的变化，快子系统的平衡点类型没有发生变化。但是，随着分数阶阶次的减小，系统的振荡周期会逐渐变长。事实上，分数阶系统以 $t^{-\alpha}$ 的形式收敛 [24]，而整数阶系统以指数形式收敛，因此整数阶系统和分数阶系统在收敛速度方面存在明显差别。图 8.11 所示的时间历程中明显揭示了这种不同。

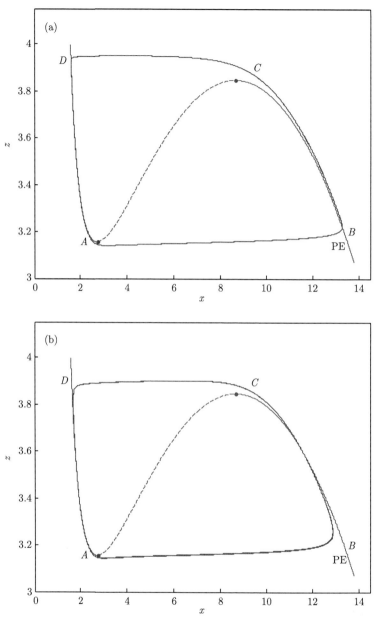

图 8.10 不同分数阶的阶次对应的周期快慢振荡的产生机理

(a) $\alpha = 1$; (b) $\alpha = 0.85$

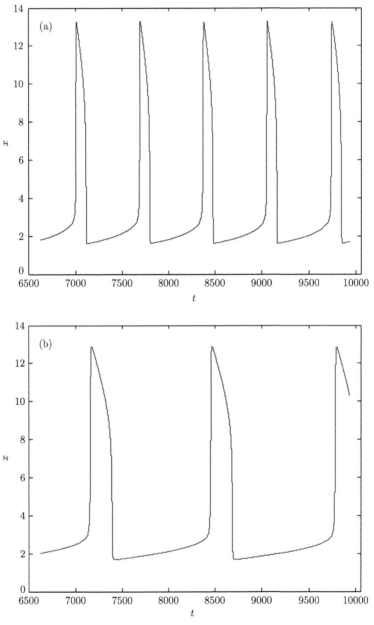

图 8.11　不同分数阶阶次对应的周期快慢振荡的时间历程图

(a) $\alpha = 1$; (b) $\alpha = 0.85$

8.3 分数阶 Brusselator 的簇发现象及其分岔机制

考虑下面的分数阶 Brusselator 系统

$$
\begin{cases}
D^\alpha x(t) = A - (B+1)x + x^2 y \\
D^\alpha y(t) = Bx - x^2 y
\end{cases}
\tag{8.8}
$$

其中 x、y 分别表示催化剂和抑制剂的无量纲浓度，A、B 为常数，且 $A>0$，$B>0$，$D^\alpha x(t)$ 为 $x(t)$ 关于 t 的 α 阶导数 $(0 < \alpha < 2)$。这里采用的分数阶导数定义与 8.2 节中相同。当 $\alpha = 1$ 时，对应着 6.2 节中的整数阶 Brusselator 系统。

8.3.1 分数阶 Brusselator 振子的分岔分析

式 (8.8) 在平衡点 $\left(A, \dfrac{B}{A}\right)$ 的 Jacobian 矩阵为

$$
\boldsymbol{J} = \begin{pmatrix} A-1 & A^2 \\ -B & -A^2 \end{pmatrix}
$$

特征值为

$$
\lambda_{1,2} = \frac{1}{2}(\mathrm{tr}J \pm \sqrt{\mathrm{tr}^2 J - 4\det J})
$$

其中

$$
\mathrm{tr}J = B - 1 - A^2, \quad \det J = A^2
$$

众所周知，对于 $\alpha = 1$，当 $B > 1 + A^2$ 时，整数阶 Brusselator 系统发生 Hopf 分岔。对于 $0 < \alpha < 2$，视 α 为分岔参数，当 $\mathrm{tr}^2 J < 4\det J$ 时，其临界值 $\alpha_0 = \dfrac{2}{\pi}|\arg(\lambda_i)| \ (i = 1, 2)$，表达式如下：

$$
\alpha_0 = \begin{cases}
\dfrac{2}{\pi}\arctan\sqrt{\dfrac{4\det J}{\mathrm{tr}^2 J} - 1}, & \mathrm{tr}J > 0 \\
2 - \dfrac{2}{\pi}\arctan\sqrt{\dfrac{4\det J}{\mathrm{tr}^2 J} - 1}, & \mathrm{tr}J < 0
\end{cases}
\tag{8.9}
$$

依然考虑外部周期扰动因素，动力学模型如下：

$$
\begin{cases}
D^\alpha x(t) = A - (B+1)x + x^2 y \\
D^\alpha y(t) = Bx - x^2 y + a\cos\omega t
\end{cases}
\tag{8.10}
$$

其中 a 为外部周期扰动幅值，ω 为外部周期扰动频率。

令 $\theta = \omega t$, 则式 (8.10) 转化为自治系统

$$\begin{cases} D^{\alpha}x(t) = A - (B + 1)x + x^2y \\ D^{\alpha}y(t) = Bx - x^2y + a\cos\theta \\ \dot{\theta} = \omega \end{cases} \tag{8.11}$$

如果外部周期扰动频率 ω 远小于原系统的固有频率, 相差至少一个量级, 则该反应是具有两个时间尺度耦合的分数阶系统。令 $w = a\cos\theta$ 为快子系统的慢变参数, 则快子系统表示如下:

$$\begin{cases} D^{\alpha}x(t) = A - (B + 1)x + x^2y \\ D^{\alpha}y(t) = Bx - x^2y + w \end{cases} \tag{8.12}$$

依然选取参数 $A = 1.06$ 和 $B = 3$, 当慢变参数 w 改变时, 快子系统 (8.12) 的稳定性区域临界值也将发生变化。系统 (8.12) 在平衡点 $E_0\left(A + w, \dfrac{AB + wB + w}{(A + w)^2}\right)$ 处的特征方程为

$$\lambda^2 + \left(1 - B + (A + w)^2 - \frac{2w}{A + w}\right)\lambda + (A + w)^2 = 0$$

结合式 (8.9), 可得快子系统的阶次 α_0 和慢变参数 w 的双参分岔图, 如图 8.12 所示。可见, 当 $0.69282 < \alpha < 2$ 时, 系统 (8.12) 有两个 Hopf 分岔点, 随着阶次 α 减小, 两个 Hopf 分岔点的距离越来越小, 最终 "碰撞" 消失。当 $0 < \alpha < 0.6928$ 时, 快子系统不发生 Hopf 分岔。

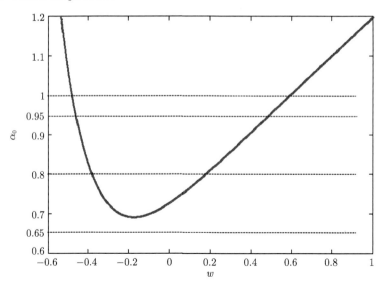

图 8.12　快子系统 (8.12) 关于阶次 α_0 与慢参数 w 的分岔图

8.3.2 分数阶阶次对簇发振荡的影响

如快子系统的分数阶阶次临界值 α_0 关于慢变参数 w 的分岔图 (图 8.12)，当 $0.6928 < \alpha < 2$ 时，快子系统 (8.12) 有两个 Hopf 分岔点。当 $0 < \alpha < 0.6928$ 时，快子系统不发生 Hopf 分岔。比如，当 $\alpha = 0.95$ 时，两个 Hopf 分岔临界参数值为 $w_{I1} = 0.4844$，$w_{I2} = -0.4624$。如图 8.13 所示，整个分数阶系统的一个振荡周期仍是两次激发态和两次沉寂态的耦合，与整数阶系统 $\alpha = 1$ 类似 (参考第 6 章)。不同的是，随着 α_0 变小，两个 Hopf 分岔点的距离变小，导致系统处于激发态的时间

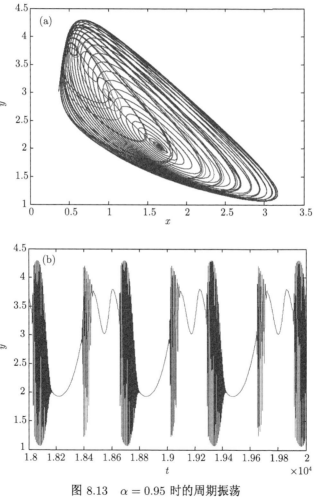

图 8.13　$\alpha = 0.95$ 时的周期振荡

(a) 二维相图；(b) 时间历程图

变短, 而处于沉寂态的时间变长。当 $\alpha = 0.65$ 时, Hopf 分岔点消失。系统虽然依然存在周期运动, 但是没有簇发现象, 如图 8.14 所示。因此, 分数阶阶次 α 在控制系统的簇发行为中起着重要的作用。

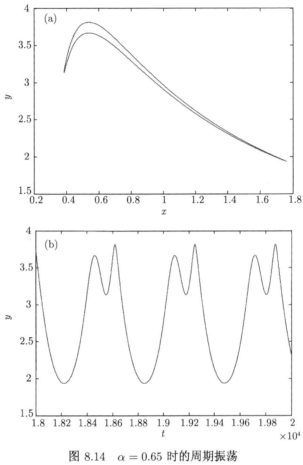

图 8.14　$\alpha = 0.65$ 时的周期振荡

(a) 二维相图; (b) 时间历程图

8.4　本 章 结 论

本章研究了分数阶 BZ 反应的动力学行为。基于分数阶系统的稳定性理论, 给出了关于分数阶阶次的双参数分岔图, 发现分数阶 BZ 反应中存在 Hopf 分岔。通过比较分数阶系统和整数阶系统稳定性, 给出了两个系统稳定性不同的区间范围, 发现两个系统的不同之处随着分数阶阶次的变化越来越明显。同时, 利用快慢分析法研究了两尺度耦合的分数阶 BZ 反应中的快慢振荡现象, 发现分数阶阶次对轨线的形状及快慢现象的产生机理影响比较小，原因是随着分数阶阶次的变化，快子系统的平衡点类型保持不变。然而，分数阶阶次将影响系统振荡的周期。

此外，本章还研究了具有外部周期扰动的分数阶 Brusselator 系统，发现分数阶阶次对控制系统的簇发现象有重要的作用。通过分数阶阶次和慢变参数的双参分岔图可以发现，当阶次较大时系统存在两个 Hopf 分岔点，此时系统存在沉寂态和激发态相互转迁的周期簇发振荡行为；随着分数阶阶次的减小，两个 Hopf 分岔点之间的距离逐渐变小，直至两个 Hopf 分岔点重叠后消失，此时簇发现象完全消失，但是整个系统依然存在周期振荡，并且只涉及一个频率即外部周期扰动频率。这些结论为进一步研究 Brusselator 模型提供了重要理论依据。

参 考 文 献

[1] Petráš I. Fractional-Order Nonlinear Systems. Beijing: Higher Education Press, 2011

[2] Aygören A. Fractional Derivative and Integral. Gordon and Breach Science Publishers, 1993

[3] Shen Y J, Yang S P, Xing H J, et al. Primary resonance of Duffing oscillator with two kinds of fractional-order derivative. Communications in Nonlinear Science and Numerical Simulation, 2012, 17(7): 3092-3100

[4] Shen Y J, Wei P, Yang S P. Primary resonance of fractional-order van der Pol oscillator. Nonlinear Dynamics, 2014, 77(4): 1629-1642

[5] 申永军, 杨绍普, 邢海军. 含分数阶微分的线性单自由度振子的动力学分析. 物理学报, 2012, 61(11): 55-63

[6] Shen Y J, Wen S F, Li X H, Yang S P, Xing H J. Dynamical analysis of fractional-order nonlinear oscillator by incremental harmonic balance method. Nonlinear Dynamics, 2016, 85(3): 1457-1467

[7] Liu L L, Duan J S. A detailed analysis for the fundamental solution of fractional vibration equation. Open Mathematics, 2015, 13: 826-838

[8] Xu Y, Li Y G, Liu D. A method to stochastic dynamical systems with strong nonlinearity and fractional damping. Nonlinear Dynamics, 2016, 83(4): 2311-2321

[9] Ahmad W, El-khazali R, Elwakill A S. Fractional-order Wien-bridge oscillator. Electronics Letters, 2001, 37(18): 1110-1112

[10] Ahmed E, El-Sayed A M A, El-Saka H A A. Equilibrium points, stability and numerical solutions of fractional-order predator-prey and rabies models. Journal of Mathematical Analysis and Applications, 2007, 325(1): 542-553

[11] Abd-Elouahab M S, Hamri N E, Wang J. Chaos control of a fractional-order financial system. Mathematical Problems in Engineering, 2010, 17(4): 270646-1-18

[12] Shi M, Wang Z H. Abundant bursting patterns of a fractional-order Morris-Lecar neuron model.Communications in Nonlinear Science and Numerical Simulation, 2014, 19(6): 1956-1969

[13] Huang Z, Jin X. Response and stability of a SDOF strongly nonlinear stochastic system with light damping modeled by a fractional derivative. Journal of Sound and Vibration, 2009, 319(3): 1121-1135

[14] Chen L, Hu F, Zhu W. Stochastic dynamics and fractional optimal control of quasi integrable; Hamiltonian systems with fractional derivative damping. Fractional Calculus and Applied Analysis, 2013, 16(1): 189-225

[15] Zhou T S, Li C P. Synchronization in fractional-order differential systems. Physica D Nonlinear Phenomena, 2005, 212: 111-125

[16] Wang Y H, Li C P. Does the fractional Brusselator with efficient dimension less than 1 have a limit cycle? Physics Letters A, 2007, 363: 414-419

[17] Gafiychuk V, Datsko B. Stability analysis and limit cycle in fractional system with Brusselator nonlinearities. Physics Letters A, 2008, 372(29): 4902-4904

[18] Gafiychuk V, Datsko B, Meleshko V, Blackmore D. Analysis of the solutions of coupled nonlinear fractional reaction-diffusion equations. Chaos, Solitons and Fractals, 2009, 41: 1095-1104

[19] Hajipoor A, Shandiz H T, Marvi H. Analysis of fractional-order chemical oscillator. World Applied Sciences Journal, 2009, 6 (11): 1540-1546

[20] Hou J Y, Li X H, Chen J F. Stability and slow-fast oscillation in fractional-order Belousov-Zhabotinsky reaction with two time scales. Journal of Vibroengineering, 2016, 18(7): 4812-4823

[21] Sekiguchi T, Mori Y, Hanazaki I. Photoresponse of the $(Ru(bpy)_3)^{2+}/BrO^{3-}/H^+$ system in a continuous-flow stirred tank reactor. Chemistry Letters, 1993, 1993(8): 1309-1312

[22] 范盛金. 一元三次方程的新求根公式与新判别法. 海南师范学院学报, 1989, 2(2): 91-98

[23] Tavazoei M S, Haeri M. Chaotic attractors in incommensurate fractional order systems. Physica D: Nonlinear Phenomena, 2008, 237(20): 2628-2637

[24] Li Y, Chen Y Q, Podlubny I, Cao Y. Mittag-Leffler stability of fractional order nonlinear dynamic system. Automatica, 2009, 45(8): 1965-1969

索　引

"非线性动力学丛书"已出版书目

（按出版时间排序）

1 张伟，杨绍普，徐鉴，等. 非线性系统的周期振动和分岔. 2002

2 杨绍普，申永军. 滞后非线性系统的分岔与奇异性. 2003

3 金栋平，胡海岩. 碰撞振动与控制. 2005

4 陈树辉. 强非线性振动系统的定量分析方法. 2007

5 赵永辉. 气动弹性力学与控制. 2007

6 Liu Y, Li J, Huang W. Singular Point Values, Center Problem and Bifurcations of Limit Cycles of Two Dimensional Differential Autonomous Systems （二阶非线性系统的奇点量、中心问题与极限环分叉）. 2008

7 杨桂通. 弹塑性动力学基础. 2008

8 王青云，石霞，陆启韶. 神经元耦合系统的同步动力学. 2008

9 周天寿. 生物系统的随机动力学. 2009

10 张伟，胡海岩. 非线性动力学理论与应用的新进展. 2009

11 张锁春. 可激励系统分析的数学理论. 2010

12 韩清凯，于涛，王德友，曲涛. 故障转子系统的非线性振动分析与诊断方法. 2010

13 杨绍普，曹庆杰，张伟. 非线性动力学与控制的若干理论及应用. 2011

14 岳宝增. 液体大幅晃动动力学. 2011

15 刘增荣，王瑞琦，杨凌，等. 生物分子网络的构建和分析. 2012

16 杨绍普，陈立群，李韶华. 车辆-道路耦合系统动力学研究. 2012

17 徐伟. 非线性随机动力学的若干数值方法及应用. 2013

18 申永军，杨绍普. 齿轮系统的非线性动力学与故障诊断. 2014

19 李明，李自刚. 完整约束下转子-轴承系统非线性振动. 2014

20 杨桂通. 弹塑性动力学基础(第二版). 2014

21 徐鉴，王琳. 输液管动力学分析和控制. 2015

22 唐驾时，符文彬，钱长照，刘素华，蔡萍. 非线性系统的分岔控制. 2016

23 蔡国平，陈龙祥. 时滞反馈控制及其实验. 2017

24 李向红，毕勤胜. 非线性多尺度耦合系统的簇发行为及其分岔. 2017